金传达文集
一星云万象

金传达　著

气象出版社
China Meteorological Press

内容简介

本书收录了金传达先生多年来创作的天文历法、气象地理等诸多方面的各类科普作品，主要内容包括星云万象、地球上的风、江淮晴雨、梦幻天空、自然地理、传世贤文、民间寿庆文化等，详细介绍了历法和气象基础知识、各种天气现象的成因和分类、有趣的天气现象、江淮地区天气气候、节气物候和民俗文化等相关知识，内容丰富，通俗易懂，具有很强的可读性，表现了作者对科普传播工作孜孜以求的探索精神和对祖国大好河山、优秀传统文化的热爱之情。

图书在版编目（ＣＩＰ）数据

金传达文集 / 金传达著. -- 北京 ： 气象出版社，2022.5

ISBN 978-7-5029-7710-8

Ⅰ. ①金… Ⅱ. ①金… Ⅲ. ①古历法－中国－文集②气象学－中国－文集 Ⅳ. ①P194.3-53②P4-53

中国版本图书馆CIP数据核字(2022)第076380号

金传达文集（一）：星云万象
Jin Chuanda Wenji (yi)：Xingyun Wanxiang

出版发行：气象出版社
地　　址：北京市海淀区中关村南大街 46 号　　　　**邮政编码**：100081
电　　话：010-68407112（总编室）　　010-68408042（发行部）
网　　址：http://www.qxcbs.com　　　　**E-mail**：qxcbs@cma.gov.cn
责任编辑：杨　辉　　　　　　　　　　　　　**终　　审**：吴晓鹏
责任校对：张硕杰
封面设计：艺点设计　　　　　　　　　　　　**责任技编**：赵相宁
印　　刷：北京建宏印刷有限公司
开　　本：710 mm×1000 mm　1/16　　　　**本卷印张**：10.25
本卷字数：170 千字
版　　次：2022 年 5 月第 1 版　　　　　　　**印　　次**：2022 年 5 月第 1 次印刷
定　　价：298.00 元

金传达简介

　　金传达，笔名金村，安徽省庐江县人，1937年12月生。少年时，父母先后去世，家境贫寒。由于兄嫂竭力支持，利用农闲读过私塾。1950年考入庐江中学读初中，1953年入黄麓师范，1956年入安徽师范学院地理专业，毕业后先后在中师、中学任高中地理教师、团干、教导组副组长，北山中学校长；1976年任商务印书馆编辑。1978年起，任县地市科协、科委、行署职改办主任副主任、调研员。期间，当选安徽省五届人大代表，徽州地委歙县溪头乡整党工作组组长，黄山市第一、第二届政协委员，中国工会全国九大代表，中国气象学会先进个人，安徽省教育、科技先进工作者，先后出席中国科普创作座谈会和中国科普作家协会第一次代表大会，为中国科普作家协会会员兼科学文艺委员会理事，安徽省科普作家协会常务理事，黄山市科普创作协会理事长，高级工程师。近五十年来，坚持业余科研创作，著有《黄山漫步》《海市蜃楼》《台风》《漫谈灾害性天气》《传世贤文万年历》

《大气的奥秘》《天空趣象》《细说二十四节气》《地球上的风》《万寿图典》《万福图典》等31部图书，主编或合作编著《安徽气候漫话》《寒潮》《徽州风采录》等12部图书，发表文章800余篇，多次获省部级科技作品奖，入编人事部《中国专家大辞典》。

金传达作品名录

<table>
<tr><td>1959 年</td><td>《我国省、自治区、直辖市名称的由来》(《安徽日报》)</td></tr>
<tr><td></td><td>《黄梅时节家家雨》(《新民晚报》)</td></tr>
<tr><td>1960 年</td><td>《试论地名的来历》(安徽地理学会论文)</td></tr>
<tr><td>1961 年</td><td>《试论中学地理基础知识句题》(安徽地理学会论文)</td></tr>
<tr><td></td><td>《祖国的海上长城》(《中国青年报》)</td></tr>
<tr><td>1962 年</td><td>《夏夜谈流量》(《徽州日报》)</td></tr>
<tr><td>1963 年</td><td>《安徽的春天》(《徽州日报》)</td></tr>
<tr><td></td><td>《物候在农业上的利用》(《安徽日报》)</td></tr>
<tr><td></td><td>《石油的农业妙用》(《安徽日报》)</td></tr>
<tr><td></td><td>《安徽的夏季气候》(《安徽日报》)</td></tr>
<tr><td></td><td>《安徽的秋天》(《安徽日报》)</td></tr>
<tr><td></td><td>《安徽的严冬》(《安徽日报》)</td></tr>
<tr><td></td><td>《贴近地面的云——雾》(《科学与技术》)</td></tr>
<tr><td>1965 年</td><td>《动物知晴雨》(《合肥晚报》)</td></tr>
<tr><td>1966 年</td><td>《地球在一年里》(《北京晚报》)</td></tr>
<tr><td>1975 年</td><td>《晚霜冻》(《农林科学实验》第 2 期)</td></tr>
<tr><td>1976 年</td><td>《风云可测》(商务印出馆出版)</td></tr>
<tr><td>1977 年</td><td>《长空幻影》(安徽人民出版社出版，1980 年获安徽省优秀作品奖)</td></tr>
<tr><td></td><td>《庄稼和水》(《少年科学》第 6 期)</td></tr>
</table>

1978年	《说茶》(《安徽日报》)
	《让更多的阳光变成粮食》(《安徽日报》)
	《巧寻地下水》(《合肥晚报》)
1979年	《台风》(商务印书馆出版)
	《漫谈灾害性天气》(安徽科学技术出版社出版,获评全国优秀科技图书;1982年被评为安徽省农村科技致富优秀图书,1984年再版)
1980年	主编《徽州风采录》《科普小报》(徽州地区科协)
	《科学谜语集》(安徽人民出版社出版,1985年再版,1989年入编安徽文艺出版社《中华谜语大辞典》)
	《长江巡礼》(安徽科学技术出版社建议修改稿)
	《黄山形成的奥秘》(入选《黄山散记》,安徽人民出版社出版)
1981年	《黄山宝光》(《安徽儿童》)
	《植物越冬趣谈》(《安徽日报》)
	《冬夜的猎人》(《安徽日报》)
	《低温的妙用》(《安徽科技报》)
1982年	《说风》(气象出版社出版)
	《绿树荫浓人欢畅》(《安徽科技报》)
	《蚌埠上空的三个太阳》(《科苑》第3期)
	《小鸟,你在说什么》(《黄山》第2期)
	《奇树荟萃》(《科苑》第5期)
	《话说九星连珠》(《安徽日报》)
1983年	《漏泄春光有柳条》(《科苑》第3期)
	《台风到来以前》(《大众气象》第3期)
1984年	主编《安徽气候漫话》(安徽科学技术出版社出版,获1984年全国科技图书优秀奖,1985年安徽省气象科技成果三等奖)

《世界公园数瑞士》(《徽州报》)

《春夏秋冬话黄山》(《黄山》1984年第九期、《华夏星火》
1999年第11期)

1985年　《看谁猜得对》(安徽人民出版社出版)

1987年　《黄山漫步》(气象出版社出版,获1989年全国气象科普作
品三等奖)

《寒潮》(合著,气象出版社出版)

1989年　《黄山的名花贵木和珍禽异兽》(入选《黄山旅游台历》,安徽
教育出版社出版)

1991年　《地理小辞典》(入选《小百科辞典》,安徽少年儿童出版社出版)

《高天滚滚寒流急》(《气象科普文选》)

《有关风的气象谚语》(入选《中国气象谚语》,气象出版社出版)

《安徽气象谚语》(入选《中国气象谚语》,气象出版社出版)

1992年　《中国民间历书》(气象出版社出版,1993年再版)

1996年　《竹文化漫笔》(《黄山旅游》第2期)

《黄山,好一个清凉世界》(《气象知识》第4期,气象科普文选)

《洪水无情人有情》(《气象知识》)

《神奇的萤火虫之光》(《华夏星火》第5期)

1997年　《传世贤文万年历》(气象出版社出版,多次再版;1998年美
洲华人书市(在纽约)畅销书)

《迈向21世纪科技发展大趋势》(中央人民广播电台报道,
《华夏星火》《黄山日报》等转载)

《风雅扇子》(《华夏星火》第7期)

《黄山云海颂》(或名《五百里黄山云海美》,入选《中国科
学小品选》(四川少年儿童出版社),《华夏星火》《气象知
识》《辽宁气象》等转载)

1999年　　《祸从天降》（气象出版社出版）

《大自然的春之歌》（《华夏星火》第1期）

2000年　　《中华龙文化》（《华夏星火》第4期）

《树之传奇》（《华夏星火》第4期）

2002年　　《风》（气象出版社出版，获全国优秀气象科普作品一等奖，重印5次，2009年入选全国为"送书下乡"书目）

《海市蜃楼》（气象出版社出版，获全国优秀气象科普作品一等奖，重印5次，2007年入选全国"送书下乡"书目）

2003年　　《千古贤文》（气象出版社出版）

2006年　　《天空趣象》（气象出版社出版，入选2007年国家新闻出版总署向青少年推荐优秀科技图书，重印5次。2007年7月19日《中华读书报》发表长篇书评。2011年获安徽省优秀科普作品奖）

2007年　　《民间寿庆文化通书》（气象出版社出版，入选全国"送书下乡"书目，2010年第5次再版）

《万寿图典》（气象出版社出版，《度假旅游》杂志2011年长篇书评）

2009年　　《万福图典》（气象出版社出版）

2013年　　《大气的奥秘》（气象出版社出版，入选全国农家书屋重点推荐书目，重印8次）

《最有趣的天气》（气象出版社出版，入选全国农家书屋重点推荐书目，重印6次）

2016年　　《细说二十四节气》（气象出版社出版，2016年入选向全国老年人推荐的优秀出版物，重印4次）

2018年　　《地球上的风》（气象出版社出版）

2019年　　《二十四节气万年历》（气象出版社出版）

目　录

一

星空瞭望

（一）春夜望星空 ①

温和的春夜，月明星稀。

"小玲——"爸爸在阳台上突然喊道，"快来看呀！"

"来啦！"小玲立即跑到爸爸身边，迫不及待地问，"看什么呀？"

"瞧，一、二、三、四、五、六、七，"爸爸手指北天星空，一边比画一边说，"这七颗亮星顺次连接起来，像一把勺子，天文学上叫它们北斗七星。中国古人有'斗柄指东，天下皆春'的说法，现在斗柄正指向东方，说明春天到来了。"

"啊——真的。"小玲自言自语。

"这北斗七星，"爸爸接着说，"古希腊人把它们看作熊的形象。"

"熊？"小玲惊讶道。

"嗯。相传月神兼狩猎女神狄维娜的侍女中，有一位美貌非凡的卡力斯托，她被众神之王宙斯所爱，生下了儿子阿卡斯。这件事引起了神后希拉的嫉妒，就用神法把这个美女变成了熊。随着岁月推移，少年阿卡斯长大了。一天，他在林中狩猎，被卡力斯托看见了。她忘了自己是熊身，便张开手臂，想拥抱亲爱的孩子。阿卡斯却举起了标枪。这时候，宙斯在天上看见了，就把阿卡斯变成一只小熊，并把它们母子摄引上天，成了大熊星座、小熊星座。"

"小熊星座在哪儿？"

"通过北斗勺，两星的连线延长 5 倍的远处，是指示正北方向的北极星，它就在小熊星座的尾巴尖上。"

"看到了！找到了！"小玲高兴得手舞足蹈，但接着又在想，"大熊星座、小熊星座，这'星座'到底是什么意思呢？"

"古人根据自己的想象，把一组星勾连成种种复杂的形象，又按形象分了区域，一一给了名称，这就有了'星座'啦。"爸爸好像猜透了小玲的心思，连忙做了解释，并用手向头顶上空指去，说："这些高亮度星为一区，叫狮子星座。希腊神话中说，它以前是尼米亚山谷森林中的一匹猛狮，经常

---

① 本节以及本章（二）至（十）节主要写于 1985 年。

伤害人畜。后来，它被著名的英雄赫利克勒斯给活活勒死了。天神把这匹狮子带去，作为英雄的战绩而摆在天上。"

"这些星，好像一把大镰刀。"

"是的。"爸爸说，"这'镰刀'由六颗星组成，刀柄向南，刀柄上的亮星叫轩辕十四，它比太阳要亮 140 倍哩。这镰刀便是狮子头部。"

"那么，"小玲问，"狮子尾巴在哪里？"

"向东看去，一、二、三，这三星搭成一个直角三角形，就是狮子尾部。"

"这狮子座的西边，好像有一小片光斑，对吧？"

"啊，小玲的眼力真好！"爸爸莞尔一笑，慢悠悠地往下说，"这片光斑里集聚了 350 颗星，属于巨蟹座的蜂巢星团。这星团位于一个大等腰三角形的中央部分。你看，三角形的顶点是轩辕十四，底边的南端是小犬座的南河三、北端为双子座的北河三。双子座西北部是御夫座，它的主星五车二的寿命不长，再过 2000 万年，燃料便要耗光了。"

说着看着，只见"狮子"升高，南方的"室女"、东北方的"牧夫"随后升起。室女座角宿一、牧夫座大角，两颗明星南北相对，各占一方。

（二）夏夜望星空

爸爸：小玲，你看，今夜的星光多么灿烂！

小玲：啊，真的，真美！

爸爸：那是明亮的北斗七星，你想一想，这斗柄现在指的是什么方向？

小玲：指向南方，对吧，爸爸？

爸爸：对，对。已经是"斗柄南指，天下皆夏"了。

小玲：哎，南方的那组星星中，有一颗红色亮星，它头部竖起几颗星，尾巴朝上弯，好像——

爸爸：像一只大蝎子。

小玲：蝎子？蝎子是什么？

爸爸：是一种动物，长约 6 厘米，头上有两把"钳子"，尾巴上有毒钩，如果刺了人，人会有生命危险的。据希腊神话说，这只天蝎是神后希拉派来刺死大猎人奥赖翁的。天蝎和大猎人后来都上了天，各自成了星座。但是它们结下了深仇大恨，永不相见：天蝎座在夏夜出现，猎户座在冬夜出现。那颗红色亮星叫心宿二，在古代西方，把它看作蝎子的心；因为它的颜色火红，我国古代叫它大火。它的直径是太阳直径的 500 多倍。要知道，太阳的直径是地球的 109 倍。心宿二的亮度比太阳还强 1800 倍哩。

小玲：它算是星空中的"巨人"了吧？

爸爸：是的。

小玲：它的两旁各有一颗小星，三星连起来，好像一根弯弯的扁担哩。

爸爸：确实很像。

小玲：那天河的东岸，好像也有一根扁担。

爸爸：嗯，那根扁担不太弯，对吧？

小玲：对，记得去年暑假，听外婆说，那扁担中间的大星叫牛郎星。牛郎星两旁的小星是牛郎挑着的儿女，他们准备过河去同织女相会。织女星在天河西岸，它旁边有四颗小星，组成平行四边形，就像织布用的梭子。

爸爸：外婆说的是神话故事。这个故事说，住在天河东岸的织女，是天帝和王母娘娘的孙女。织女在天宫织布，空闲时常与众仙女下凡洗澡。牛郎原来是人间一个贫苦的孤儿，受到兄嫂冷遇，被迫牵了一头老牛自立门户谋生。有一次，仙女们来到河边洗澡，牛郎接受老牛指点，到河边将织女的仙衣拿走，织女便答应嫁与他为妻。从此，他们男耕女织，日子过得挺美满，还生了一儿一女。不料——

小玲：怎么啦？

爸爸：不料天帝和王母娘娘知道这事后，立即差遣天兵天将下凡，将织女抓回天庭治罪。牛郎无计上天，与儿女仰头号哭。这时老牛已经垂死，嘱咐牛郎在它死后剥了牛皮披在身上，便能上天。老牛说完便咽了气，牛郎依照老牛嘱咐，担着儿女上天紧追织女而去。眼看快追上织女了，只见王母娘娘拔下头上金簪，迎空一划，瞬时一条天河由空而降，将这一家人分隔在两岸。

牛郎织女会鹊桥

于是，牛郎与织女终日遥遥相对，悲泣不止，孩子们也望着母亲哀哀啼哭。

小玲：这一家人好可怜啊！

爸爸：不过天长日久，天帝终于大发慈悲，准许他们每年农历七月初七之夜相会一次。每到这一天，所有喜鹊都飞到天上，架起一座跨越天河的鹊桥，让牛郎、织女一家在桥上相聚。当然，在现实中，牛郎织女是不会相会的。

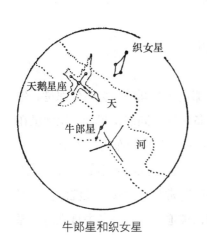

牛郎星和织女星

小玲：怎么不会相会呢？

爸爸：七夕相会的神话，反映了我国古代人们对幸福生活的向往。"鹊桥"就是那跨越天河之上的大十字形星座，像一只展翅的天鹅。天鹅尾巴上的那颗星叫天津四。"天津"的意思是天河上的渡口。实际上，牛郎、织女两星相距16光年（光在1秒钟内行走30万千米。光年是指光在1年内所行的里程，近95000亿千米），你想一想，16光年的路途该是多么遥远啊，打个电话来回也要30多年呢，就算两颗星真的相向而行，又怎么可能在一夜之间相会？

小玲：原来是这样。

爸爸：已经九点多钟了，你该休息了。

小玲：不，身上还热烘

希腊神话中人马座和天蝎座的形象

烘的，我再乘一会儿凉，再教我看一些星星嘛。

爸爸：也好。你看，这天蝎座的东面，就是天河东岸的那一群星，叫人马座，一副盘马弯弓的形象。传说它是希腊神话里的一个半人半马的大英雄，名字叫齐龙。

小玲：人马英雄？有趣！

爸爸：在希腊神话里，齐龙的腰以上是人形，腰以下是马身。他是一位文武双全的半神，文能吹弹各种乐器，长于医药，知晓过去和未来；武会弓箭、拳术，又会刀枪剑矛、跑马打猎。古希腊的大英雄，多数出自他的门下。

小玲：真了不起！

爸爸：齐龙品学兼优，神人无不敬爱，但是他的结局很惨。

小玲：那是怎么回事呢？

爸爸：有一次，齐龙的徒弟赫丘利无意中射出一支毒箭，正中齐龙的要害，连齐龙自己也无法医治，不幸死去。齐龙被神王宙斯移到天上，每年夏天出现在天河边，弯弓追射毒物天蝎。瞧，那箭头斜指着天蝎的心呢。

小玲：啊。听说，天河又叫银河，是吗？

爸爸：对。看起来，天河是一条白色光带，其实全都是密密麻麻的星。我们看到的满天星星，包括大火、牛郎、织女、北斗星和太阳，以及人马中的星座，总共大约有1000亿颗，它们共同组成了一个庞大的"家庭"——银河系。银河系虽然很庞大，但还只是宇宙海洋中的一颗"砂粒"哩！

小玲：没想到，星星还有这么多学问！

（三）秋夜望星空

远远的街灯明了，

好像闪着无数的明星。

天上的明星现了，

好像点着无数的街灯。

……

爸爸今晚一上阳台就昂首吟诵起来。

小玲乐呵呵地凑上前去，故意问道："这首诗是郭沫若伯伯写的，对吗？"

"对，对，是《天上的街市》。小玲，你瞧，这星空多美啊！那闪闪烁烁的无数的街灯，好像一颗颗晶莹的宝石镶嵌在黑丝绒般的天幕上。那瑰丽的天河，夏天夜晚是由西北往东南横贯长空的，现在天河是从东北倾向西南了。"

小玲接着爸爸的话茬儿说："那只巨大的天蝎，已在西南方向落了下去；那美丽的天鹅也朝着西南方飞去；唯有牛郎和织女，仍依依不舍地隔河相望；这大熊的尾巴，正指向西方，是'斗柄西指，天下皆秋'了。"

"是这样，好孩子！"爸爸笑着称赞。

"那么，这秋夜的星空里，有哪些著名的星星呢？"小玲紧接着问。

"噢，你看！"爸爸津津有味地说，"那是整个王族星座，它们在东方天空里闪耀着光辉呢。头顶上的这一组星叫仙后座。"

小玲仔细看去，发现仙后座位于天河中央，全座的亮星共五颗，搭成一个像字母 M 的形状。爸爸还告诉小玲："如果连接仙后座的王良四到它北面的星，并向北延长约 4 倍处，就可以找到北极星了。"

"仙后，我已经认识了，可是那位仙王在哪里？"

"仙王当然离仙后不远喽，他就在仙后的西侧。"爸爸慢悠悠地说，"那四颗亮星，可搭成方脸人头，头上戴着一顶尖帽子，这帽子是由接近北极星的一颗星搭成的。这就是仙王座，东北角的后脑壳上还拖着一条小辫子呢。古代的西洋人就是这样打扮的。"

"这王族星座里还有哪些成员呢？"

"王族的一家还有仙女（座）、飞马（座）、英仙（座）、鲸鱼（座），一共是四大员。"

小玲忽然发现"仙女"脚跟的西北侧，有一个模糊的光斑，于是急不可待地指着问："那是什么呀？"

爸爸回答说："那是赫赫有名的仙女座大星云。它的直径有 22 万光年，距离地球有 254 万光年，是距银河系最近的大星系，也是肉眼可见的最遥远的天体之一。"

（四）冬夜望星空

天上缀满了闪烁的星星，如同细碎的宝石铺成的银河，这时正由西北向东南斜躺在那黑色的天幕上。

"爸爸，请到这边来——"小玲推开向南的窗户，急忙招呼爸爸。爸爸应声来到窗前。小玲手指窗外的天空，说："您看，今晚这一组星光彩熠熠，是叫什么星座呢？"

"一、二、三、四、五、六、七，"爸爸一边念叨着，一边手把手地教小玲辨认，"这七颗亮星构成一个英俊的猎人形象，叫猎户座。"

"啊，猎人？"小玲自言自语。

"瞧，那四颗亮星，不是排成一个长方形吗？"爸爸慢悠悠地解释道，"这长方形下面两颗星，就是猎人的脚，上面两颗星是猎人的肩；中间有三颗星，斜排成一条直线，是猎人的腰带，被人们称为'三星'。现在正是'三星高照'的时候。在腰带的下方有三颗小星，排列整齐，便是猎人挎着的宝刀了。"

"那么猎人的头部在哪儿？"

"头部在长方形的上方。那是一颗不太明亮的星，附近还有几颗小星。猎人昂首挺胸，身披狮皮，右手高举大木棒，左手拿着一个狮皮盾，正在勇敢地迎击向他俯冲过来的大金牛哩！"

"迎击大金牛，真是了不起！"小玲情不自禁地夸赞起来。

"这位大猎人，就是希腊神话里所说的奥利翁，他是被神后希拉差来的大蝎子刺了一下中毒死的。这在夏天我已说过了。由于大猎人和大蝎子结下了仇恨，所以，希拉不让天蝎碰见猎户。我国唐代大诗人杜甫也说：'人生不相见，动如参与商。''参'，指的就是猎户星座。有趣的是——"爸爸停顿了一下，似乎更仔细地注视着猎户星座。

"有趣的是什么？"小玲轻声问道。

"这位猎人身上还有许多有趣的天文现象呢。"

"哪些现象？"

"'冬夜出了参，用它报时辰。'我国古人常根据参宿的位置确定季节和时间。古书记有：'正月初昏参中，五月参则见，八月参中则旦。'意思是说，夏历正月黄昏时，参宿在南方天空；五月，参宿就要看见了（日出前在东方）；八月，参宿在南方天空时，天就亮了。现在是冬天夜晚 8 点多钟了。"爸爸收拢了一下身上的棉衣，滔滔不绝地继续说，"小玲，你看猎人左脚上的那颗星，叫参宿七。它发出的是青白色的光，光度比太阳强 23000 倍，是全天繁星中实际光辉最强的星。它离我们 800 光年。左肩上的参宿四，是一颗红星，它的体积在变化着，最大时可以装下 147000 亿个地球。但

猎户座形象

它的平均密度却只有地球表面空气密度的 60 万分之一，是一个虚胖子；其实际光度比太阳强 2800 倍，可以称它是一颗灼热的真空巨星。"

"哎！"小玲打断了爸爸的话，好奇地问，"那猎人的宝刀里，好像有一个云雾状的光斑吧？"

"对，我正想讲的就是这个光斑。"爸爸说，"那是气体星云，叫猎户座大星云，离我们 1500 光年。一些明亮的高温星，点缀在这个星云的中央和周围，激发了氢气，使它发出绿色光辉。它的密度比实验室里制造的高真空还要稀薄几百万倍，但是它的体积特别大，直径约 300 光年，只有一小部分被星光照亮。虽然只有一小部分，也足以让我们看到它。"

"爸爸，您说的那猎人迎击的大金牛，我怎么找不到呢？"

"那头金牛指的是金牛座。走，我们到室外去看看。"

于是，爸爸拉着小玲一同来到阳台上。按爸爸的指点，把"三星"连成线，向右上方延长，前面就是金牛座了。这个星座的主星名叫毕宿五，就是金牛圆睁着的一只眼睛。它发出橘红色的光芒，离我们 68 光年，光度比太阳强 120 倍，直径大 45 倍。在毕宿五附近，有一个由大约 100 颗星组成的毕宿星团，这是离我们最近的星团。

"从毕宿星团往上，"爸爸提高了点嗓门说，"那里也有一簇明亮的小星，那是昴（mǎo）星团，也叫七姐妹星团。"

"七姐妹、七姐妹，"小玲揉了揉眼睛，高兴地说，"看到了，看到了，外婆对我说过的。"

爸爸笑着说："现在，我们肉眼只能看到六颗。古希腊传说，七姐妹是

父女望星空

月神狄维娜的侍女，由于猎人奥利翁追逐她们，宙斯便让她们化成七只鸽子逃到天上去了。"

说着说着，父女二人的目光不约而同地移向天顶，只见那御夫座五车二在高空中放射出明亮的光辉。接着他们又都把目光移向北方天空，一瞥那北极星和北斗相对的仙王座、仙后座。西北地平线上，天鹅座的大部分看不见了，只有天津四在低空中微露光芒。

这时，鼎鼎大名的北斗七星已升高了许多，斗柄朝下，指向北方，正是"斗柄北指，天下皆冬"了。

（五）"行星联珠"奇观

1982 年 5 月，太阳系的八颗大行星运行到太阳的一侧，逐渐聚会成"八星联珠"的宇宙奇观。

当星夜降临的时候，人们用肉眼就可以看见的太阳系五大行星——水星、金星、火星、木星和土星，加上另外两个遥远的行星——天王星、海王星，再加上我们居住的地球，这就是我们熟悉的八颗行星。

八颗行星从它们的起源到今天，一刻不停地在自己的轨道上围绕太阳运转，越靠近太阳，运转的"圈子"（轨道）越小，转一圈所需的时间也越短。离太阳最近的水星只要 88 天就能转完一圈。离太阳稍远的地球要 365 天——一年转完一圈。当行星运行到与地球、太阳呈一条直线的位置时，我们称为行星与地球相会合。

会合的行星也可以多于两颗。但是，颗数愈多，会合的机会愈少。水、金、火、木、土五大行星虽然运行不到一条直线上，但可以聚会到相距不远的扇形范围（约 34°）内（好像一串珍珠似的），古人把这种现象叫"五星连珠"。1962 年 2 月 5 日 8 时 10 分，印度尼西亚突然从白天转为黑夜，光芒万丈的太阳突然被月球"吞食"，变成"黑太阳"，"黑太阳"四周呈现出银色的光环。月球在逆光下变成黑圆的剪影，金、木、水、火、土五大行星围绕在太阳的身旁闪闪发光。天文学家认为，日全食最难得的是"日月合璧、五星连珠、七曜同宫"。据分析，那次"七曜同宫"实属千载难逢。而 1982 年出现八星"联珠"就稀罕至极了。

但是，"八星联珠"完全可以预测。大约每 180 年，便有一次 90°～120° 扇形区域内的"八星联珠"；大约每 314 年，便有一次在 40°～90° 扇形区域内联珠；40° 以下较狭窄区域内的"八星联珠"，其周期大约为 700 多年或更长的时间。从公元前 780 年到 1982 年，曾发生 15 次"八星联珠"现象，上一次联珠发生在 1803 年，与 1982 年这次发生的时间间隔 179 年。1982 年 5 月"八星联珠"，扇形区域为 105°。

"八星联珠"对地球有什么影响呢？

据天文学家研究，八颗行星即使在太阳同侧排成一条直线，它们的引力的总和大约也只有太阳引力的万分之一。可见，行星会聚的引力是十分微小的，对地球不会产生什么影响。不过有一点值得注意，"八星联珠"可能与太阳活动（引起黑子和耀斑爆发）有一定联系，而太阳活动对地球自转周期的变化有一定的影响，它可能引起地球的气候变化。但从历史资料上看，尚未发现因此有过什么样的气候异常或其他灾变。1982年的"八星联珠"时，同样未发现地球上有异常现象。

（六）朔望月·回归年

日月经天，星斗回转，河汉纵横。

人们在观察天象的过程中，逐渐形成了"日""月""年"的概念。这三个概念的依据在于太阳、地球、月亮自身及相对的运动。根据地球自转，产生了昼夜交替的现象，形成了"日"的概念；根据月亮绕地球公转，产生朔、望，而形成了"月"的概念；又根据地球绕太阳公转产生四季交替的现象而形成了"年"的概念。

"日""月""年"三个概念所依据的物质运动是互相独立的。天文学家精确测定，地球绕太阳公转一周的时间为 365.2422 日，这叫一个"回归年"；从一次新月到发生下一次新月时间间隔为 29.5306 日，称为一个"朔望月"。根据天文现象确定日、月、年的长度和它们之间的关系，并以此来制定的时间法则，叫作历法。

由于回归年和朔望月的周期数字太零碎，它们与"日"之间的关系又不完全吻合，而且彼此之间也不能通约，这就给历法带来了复杂性，总是顾此失彼，难以同时协调，因此历法就分成"太阴历""太阳历"和"阴阳历"三种类型。侧重协调朔望月和历月关系的叫太阴历，简称阴历；侧重协调回归年和历年关系的叫太阳历，简称阳历；兼顾朔望月和回归年、历月和历年的叫阴阳历。

可见，无论哪种类型历法的编制，都有个协调历日、周期与天文周期关系问题。其原则是：历月应力求等于朔望月，历年应力求等于回归年。但因朔望月和回归年均不是整日数，所以历月就有月大、月小之分；历年就有平年、闰年之别。通过月大、月小和平年、闰年的适当配搭与安排，使平均历月等于朔望月，平均历年等于回归年，这是历法的主要内容。

我国现在普遍使用的历法有阳历和农历。

农历注意到了月相盈亏的变化和寒暑节气，便于指导农事活动，是我国民间广泛采用的一种传统历法。

1800—2111 年农历闰月表

年份	闰月	年份	闰月	年份	闰月	年份	闰月	年份	闰月	年份	闰月	年份	闰月
1803	二月	1805	六月	1808	五月	1811	三月	1814	二月	1816	二月	1819	四月
1822	三月	1824	七月	1827	五月	1830	八月	1832	九月	1835	六月	1838	四月
1841	三月	1843	七月	1846	五月	1849	四月	1851	八月	1854	七月	1857	五月
1860	三月	1862	八月	1865	五月	1868	四月	1870	十月	1873	六月	1876	五月
1879	三月	1881	七月	1884	五月	1887	四月	1890	二月	1892	六月	1895	五月
1898	三月	1900	八月	1903	五月	1906	四月	1909	二月	1911	六月	1914	五月
1917	二月	1919	七月	1922	五月	1925	四月	1928	二月	1930	六月	1933	五月
1936	三月	1938	七月	1941	六月	1944	四月	1946	二月	1949	七月	1952	五月
1955	三月	1957	八月	1960	六月	1963	四月	1966	三月	1968	七月	1971	五月
1974	四月	1976	八月	1979	六月	1982	四月	1984	十月	1987	六月	1990	五月
1993	三月	1995	八月	1998	五月	2001	四月	2004	二月	2006	七月	2009	五月
2012	四月	2014	九月	2017	六月	2020	四月	2023	二月	2025	六月	2028	五月
2031	三月	2033	七月	2036	六月	2039	五月	2042	二月	2044	七月	2047	五月
2050	二月	2052	八月	2055	六月	2058	四月	2061	二月	2063	七月	2066	五月
2069	四月	2071	八月	2074	六月	2077	四月	2080	三月	2082	七月	2085	五月
2088	四月	2090	八月	2093	六月	2096	四月	2099	二月	2103	六月	2107	三月
												2111	二月

（七）两头春·盲春·岁交春

农历乙亥年（1995 年）有两个立春日，正月初五（1995 年 2 月 4 日）立春，十二月六日（1996 年 2 月 4 日）又立春，人们称这种现象为"两头春"。

一年有两个立春的年份与农历置闰有直接的联系，每隔几年就各有一次。下表列举的是相连的 7 个有闰月年份的立春情况。若依 19 年 7 闰法看，这算得上一个周期。农历乙亥年闰八月，所以也是"一年两头春"。在 20 世纪的一百年里，含有两个立春的年份就有 35 次，都出现在农历有闰月之年。

农历七个有闰月之年的立春情况表

公历年次	农历闰月	农历岁首立春日期	农历岁尾立春日期
1922 年	闰五月	正月初八日	十二月二十日
1925 年	闰四月	正月十二日	十二月二十二日
1928 年	闰二月	正月十四日	十二月二十五日
1930 年	闰六月	正月初六日	十二月十八日
1933 年	闰五月	正月初十日	十二月二十一日
1936 年	闰三月	正月十三日	十二月二十三日
1938 年	闰七月	正月初五日	十二月十七日

农历闰年里有 13 个朔望月，共 384 日或 385 日。由于闰月中少了一个节气，所以闰年里只有 25 个节气。如果闰年里第一个节气是立春，那么第 25 个节气也必然是立春，这个立春就处在岁末。这就使得下一个农历年中只有 23 个节气了，当然也就没有立春这个节气了。人们把没有立春的年称为盲春之年。公元 1994 年相应的农历甲戌年（狗年）就是"盲春"年。

闰年的次年仍有 24 个节气的年份也是有的。与 1998 年相应的戊寅年（虎年）是闰五月、两头春。1999 年相应的己卯年（兔年）仍然有 24 个节气，并且第 24 个节气就是立春，且处于岁末的最后一天（相当于公元 2000 年初）。这种情况，民间称之为"岁交春"。

岁交春指的就是在除夕那天立春，公历的 1932 年、1962 年、1981 年、2000 年、2019 年这 4 年年初，都有农历岁交春情况。这是历法编算的必然结果，和人间的吉凶祸福没有联系。

（八）人日节

人日节，俗称"人节""人胜""七元"等，传说是人类的生日。唐朝《北齐书·魏收传》："魏帝宴百僚，问何故名'人日'，皆莫能知，（魏）收对曰：'晋议郎董勋《答问礼俗》云：正月一日为鸡，二日为狗，三日为猪，四日为羊，五日为牛，六日为马，七日为人。'"所以正月初七也称为"人日"。依这种说法，人类的出现是在其他动物的后面，颇含有"进化论"的科学观念。

要说人类诞生的神话，我国最早传说是阴阳二神，他们开创了天地，把气变成了人。《淮南子·精神训》："有二神混生，经营天地……烦气为虫，精气为人。"进而又有认为盘古是中华民族的始祖的，又有说法是女娲造人。《风俗通义》云："俗说天地开辟，未有人民。女娲捏黄土做人，剧务，力不暇供，乃引绳于泥中，举以为人。"陕西临潼的女皇节就是纪念女娲的节日。女娲被看作远古的女始祖神。

女娲抟土造人（剪纸）

又相传伏羲氏是华夏族的始祖，是"人根之祖"。远古时，天塌地陷，世上仅剩下伏羲、女娲二人。他们身单力薄，难以生存。有一天，伏羲在河边晒太阳休息，女娲在河滩上摆弄砂石，发现砂礓千姿百态，形状各异，其中有的像人，有的像猪、羊、牛，她想，如果这些砂礓变活了多好。女娲从河边挖一块黄泥，捏成了许多小人，十分高兴。伏羲看了手舞足蹈，并以草茎画眼睛、嘴、鼻等，然后放在地上晒太阳。不料，泥人被阳光一照都活了。这样他们又捏了许多泥人，于是满山遍野，处处都有了人。

伏羲氏亦称包羲，又名太昊、泰昊、太皓等。淮阳地区称伏羲为"人祖爷"，称女娲为"人祖奶奶"。淮阳人祖庙会每年举行一次，规模盛大，人们打着旗帜，自发地组成队伍，每天有几万人甚至达十几万人。庙会上举办祭祀、跳舞、演戏等活动。

在北方，人日习俗甚多。山西人日之夜，焚香、点灯，并用煮熟的稷米祭祀北斗星祈福。有的在门前或地里堆一堆谷糠煨燃，称"炙地"求丰收。有的地方做"跳马老姑"游戏，用椿木制作一个女形人，两人闭上眼，默祷数字，然后，举起木人跳跃。跳到与默祷的数字吻合时，观察木人的向背，面向人，则为吉利；背向人，则为不吉利。有的地方讲究在人日这天祭拜百神，祈祐平安。

人日节也是庆团聚、思归的日子，如隋朝薛道衡《思归》诗云："入春才七日，离家已二年。人归落雁后，思发在花前。"每逢人日，人们要以七种菜作羹，用彩布剪成人形，或镂刻金箔为人状，贴于屏风，戴于头上，象征祥瑞。是日，放炮、张灯、饮宴。有不少地方称人日为再过年。

（九）外星人，你在哪里

在茫茫宇宙中，究竟有没有外星人？这个问题十分让人着迷。

地球人和地球上的动物植物一样，是从地球上"长"出来的。就是说，人类是地球上的碳、氢、氧、氮等元素经过长时间化学变化和物理变化以及复杂的生物进化过程演化而成的。科学实验已经证明，蛋白质和核酸是人类生命的化学基础，而蛋白质又是由复杂有机分子组成的各种氨基酸构成的。宇宙中不仅普遍存在着碳、氢、氧、氮等元素，而且在温度极低的星际空间还找到了几十种复杂的有机分子，在许多陨石中甚至发现了几十种重要的氨基酸。这就可以认定，太阳系以外，在横跨 10 万光年、厚度 1000 光年、拥有 1000 亿颗星球的银河系，甚至在拥有 1700 亿个银河系的整个宇宙中，只要存在类似地球环境的星球，外星人是很有可能存在的。天文学家估计，仅在银河系中就约有 100 万颗条件类似地球的星球，它们或者是行星，或者是行星的卫星。

我们地球人所在的太阳系已经存在了约 45 亿年，但银河系的历史要早得多；早在地球形成之前，银河系就已经存在了。1924 年 8 月的一个夜晚，美国海军曾接收到一种来历不明的电波，类似的情况在此后几十年里不断发生，科学家们几乎可以肯定，这些电波是来自宇宙空间的。

1956 年，时年 26 岁的美国天文学家弗兰克·德雷克将一台 25 英寸口径的射电望远镜对准了距离地球 440 光年的昴星团，他的接收器收到两个神秘信号。"那是一个激动人心的时刻，"如今已白发苍苍的德雷克回忆说，"它们看起来好像是智慧生命的信号。如果是这样，整个世界将随之改变。"如今世界的确发生了变化，但不是因为人类和地外文明建立了联系（神秘信号其实是发错的警报），而是因为德雷克开创性地使用了无线电望远镜，人类开始搜寻外星人。

1960 年 4 月 8 日，德雷克雄心勃勃地在西弗吉尼亚州绿岸天文台开始实施一项名为"奥兹玛"的监听外星人信号的计划。他使用当时美国最大的射电望远镜（直径 26 米），先后对两颗邻近恒星——波星座（距离地球 107 光年）和鲸鱼星座（距离地球 119 光年）进行了监听，遗憾的是未取得任何肯定的结果。这次监听是地球人有史以来第一次有目的、有组织地在宇宙空间寻找外星人，被视为地外文明搜索的起点。

此后人们一直在试探用无线电波与外星人取得联系。1971年，美国国家航空航天局启动"独眼计划"，耗费巨额资金建立庞大的射电望远镜网络，在距离地球1000光年的外太空寻找生命。在美国掀起的地外文明搜索热潮席卷全球。

1974年11月14日，波多黎各天文台向武仙梅西尔13号球状星团（大约包括30万颗恒星）发出了问候信号："Hello！"信号的全文由1679个0和1的数字组成了一幅图画，包含着数学、化学、生物学、人类社会学、天文学等丰富的情报资料。如果梅西尔13号球状星团那里的外星人有兴趣而且能够给我们回音的话，等回电到达地球，已过了48000年。

由于相信外星人会发射无线电波，许多科学家寄希望于大功率望远镜可以创造奇迹，各国大型射电望远镜多数都被赋予"接收并分析外太空疑似生命信号"的功能。20世纪60年代，苏联曾利用射电望远镜发出了人类给外星人的第一封电报，共有3个词：和平、苏联、列宁。2007年，美国宇航局启动拥有42个天线阵列的"艾伦"庞大射电望远镜群组，用于捕捉外星人的电波信号。

不过坐等地外文明发来信息显得希望渺茫。人类已进入太空时代，许多国家从开始进行宇航探索之初就认为，人类应该主动寻找外星人。1962年以来，美苏及俄罗斯先后向火星发射了34个各类探测器，探索火星上是否有生命迹象。1972年，美国发射"先驱者10号"无人太空飞船，它携带着一块刻有问候语并标明地球位置的镀金铝板，这是人类第一次主动尝试与外星人联系。1977年8月和9月间美国先后发射的"旅行者1号"和"旅行者2号"宇宙飞船上，各携有一个特制的电唱机和一张名为"地球之声"的铜质镀金唱片。唱片一次播放时间为2小时，其上录有用60种语言讲的问候语，100多种飞禽走兽的鸣叫声，116幅描绘地球上风土人情的编码图片，35种地球上的各种自然声响以及1.5小时的世界名曲。这当中有我国万里长城的照片，有用广东话、厦门话和客家话说的问候语，还有一首中国古乐《高山流水》。当时的联合国秘书长瓦尔德海姆以及美国总统卡特对外星人的致辞也录制在上面。如今"先驱者"业已报废，两艘"旅行者"虽超过使用年限，却仍在太空忠实工作，但它们并未能接触到外星人。

几十年来，地球人怀疑许多不明飞行物和外星人有关，但这仅仅是猜测而已。各国的射电望远镜捕捉到许多来自外太空的电波信号，但都无法证实与智能生命有关。科学家认为，在火星和其他卫星上可能存在低级生命，但至今也未找到确凿证据。

然而我们也可以看到积极一面。人类最近在太阳系以外的 15 万颗恒星周围发现了数以百计的行星，已使发现外星人的可能性比以往任何时候都大。

2017 年 11 月上旬，全球联手对外星人进行了一次科学搜寻活动。五大洲 13 个国家的天文台把望远镜对准了几个比较有可能存在外星生命体的星系。这次观星盛事是有史以来第一次，而且正值目前行星科学迅速发展时期。外部行星指的是围绕着太阳系之外的恒星运行的行星。科学家们认为仅仅在银河系就可能存在数百亿个地球大小的行星。在未来，科学家们或许仍会得出结论，地球是唯一有生命存在的星球，但最近几年的发现似乎增加了外星人存在的可能性。

探寻外星人，科学家们在思索，在努力！

（十）地球在一年里……

　　人类的家园——地球以 365 天 5 小时 48 分 46 秒的时间绕太阳一周，行程 9 亿 4000 多万千米。如果对地球的一年做某些方面的"总结"，倒也是很有趣的。

　　一年里，地球的体积在膨胀，它的直径伸长了 5 毫米。它的自转速度在减慢，地球上一昼夜的时间增长了 5/1000000～14/1000000 秒。

　　一年里，地球上欧洲和美洲两块大陆之间的距离分开了 2.5 厘米；亚洲和北美洲两块大陆之间的距离互相靠拢了 2 厘米。

　　一年里，地球上从宇宙空间下落的陨石约有 2600～7200 亿块。而一年里降落到地球上的宇宙灰尘约有 4 万吨。地球上每年有约 4000 万吨重的沙尘，被风从撒哈拉沙漠吹到亚马孙河。

　　一年里，地球每秒从太阳那里获得的能量约为 1.7×10^{17} 焦耳。平均每平方厘米每分钟从太阳那里大约得到 8.24 焦耳的能量。

　　一年里，降落到地球上的雨量为 511000 立方千米，如果把这么多雨水聚集起来，可以汇成一条宽 1 千米、深 100 米、长 400 万千米的运河。这条河可以绕地球 1 万圈。但是，与此同时，由于太阳光和热的作用，几乎有相等数量的地表水被蒸发掉了。

　　一年里，地球上天空共有闪电 315360 万次，打雷 1600 万次，其中 60% 是在同一地区重复三四次，每次间隔时间只有百分之几秒至半分钟。地球上每小时有 1800～2000 次雷雨，每天有 860 万个雷击。

　　一年里，河流向海洋倾泻出的水量有 35500 多立方千米，而海洋向空中蒸发掉 447000 多立方千米水量。

　　一年里，被地球上的江河带入海洋的泥沙若堆积起来，可以建造一条宽 1 米、高约 3 层楼、长 1500 万千米的"万里长城"，能绕地球 38 圈。

　　一年里，全球粮食总产量为 15 亿吨。粮食种类目前主要的只有 8 种，即小麦、稻米、玉米、大麦、燕麦、高粱、小米和黑麦。多数城市居民通常只食用其中两种：小麦和稻米。如果全世界的土地均因沙化、污染、城市化而不再耕种，世界存粮只能维持 40 天。

　　一年里，地球内部发生地震 10 万次之多，但被人感觉到的仅有 3000～

4000 次。

一年里，地球上火山喷发的火山灰约有 66000 立方米。而地球 90% 的火山在海底。

一年里，地球上释放的二氧化碳达 220 亿吨，即每天有 5600 万吨二氧化碳排入大气层。在工业生产过程中，每天有 1500 吨吞噬臭氧的氯氟烃排入大气层。世界上大约有 15 亿城市居民在呼吸被污染的空气，每天至少有 800 人因空气污染而死亡。同时每天又至少有 1500 人死于饮用不洁水造成的疾病，其中大部分是儿童。

一年里，全球烧剩的煤灰里，大约有锌 2 万吨、锗 2000～2500 吨、铀 1000 吨、铅 5000 吨、镍 4000 吨、银 25～50 吨、金 3～5 吨、铂 1～3 吨。

一年里，地球上产生的垃圾有 100 多亿吨，海洋中约 90% 的垃圾是塑料。这些垃圾，大多数都得不到有效处理。

人类赖以生存的地球，正在遭受空前浩劫：森林被大量砍伐，每年有 1700 多万公顷的森林从地球上消失；地球上每年有 5 万多个物种灭绝。世界陆地面积的 1/4 已经或正在沙漠化。

二

太阳之奇

（一）一天两个黎明 [①]

我国古代编年史《竹书纪年》曾记载：西周懿王元年春，郑地（今陕西华县附近）"天再旦"，这就是说，某日有两次黎明的奇观。

那天究竟发生了什么事，懿王于何年登基，一直未为人知。这个悬了2800余年的天象之谜，1986年被三位华裔学者揭开了。美国加利福尼亚州理工学院喷气推进实验室天文学家彭瓞均博士和加州大学洛杉矶分校东亚语言及文化系教授周鸿翔，这两位学者共同研究，推测日食可能是造成"天再旦"的原因，随即邀请英国达拉谟大学物理学家姚卡敏加入研究，借助电脑，从地球绕太阳运行及月球绕地球运行的情况和历史过程，模拟往昔在郑地观察得到的太阳和月亮方位。

根据电脑推演，公元前899年4月21日的郑地确可见到两次黎明。那天早晨曙光初现，太阳刚要升起，正处在全食带西端点上的郑地就出现了日全食。这时郑地已经相当明亮的天空再次陷入黑暗中，那景象持续时间约4分钟。日全食结束后，太阳露出来了，即出现了"天再旦"的情景。

1987年1月8日，彭瓞均在美国天文学会年会上宣布了这一研究成果。我国《人民日报》于当年1月13日对此做了及时报道。这一研究成果使人类得到一个时间最早、地点最确切、全食现象明显的日全食记录。这个发现对历史学同样有很大贡献，因为研究结果也显示了周懿王登基的确切年份。

不仅如此，彭瓞均、周鸿翔、姚卡敏根据日全食时日、月及地球位置的计算，还首次揭露了出乎意料的事实：那天地球上的时间比现今一天少43毫秒；郑地由于出现了瞬间即逝的第二个夜晚，居民更觉得那天特别短。

我国古代有大量的天象记录，其数量之多、延续时间之长，都是其他国家所无法比拟的。研究几千年来的地球自转情况需要大量的古代天象记录，我国古代天象记录在其中起了重大作用。

[①] 本节以及本章（二）至（五）节写于2006年。

（二）一次有趣的争论

两千多年前，我国有一部名叫《列子》的古书，上面记载了两个小孩辩日的故事。

故事发生在春秋战国时期。有一天，孔子带着他的学生到东方去游学。路上，他看到两个小孩吵得面红耳赤，便好奇地上前询问他俩为什么争论。

一个孩子说："我认为，早晨刚刚升起的太阳离我们较近，而到了中午，太阳就离我们较远了。"

另一个孩子却争着说："我认为太阳在刚刚升起时离我们远，而在中午时离我们近。"

接着，第一个孩子辩论说："初升的太阳看上去好像车轮那样大，而中午的太阳却好似盘子那么大。大的太阳，一定离我们近；小的太阳，一定离我们远。"

第二个孩子却说："在清晨时，我们感觉到的太阳光是凉的；而到中午时，我们感觉到的太阳光却十分灼热。越热，当然是离我们越近。"

孔子听两个小孩说得都很有道理，也判断不了谁更有道理，只得赶他的路去了。

其实两个小孩的说法都没有说到问题的点子上。亿万年来，在早、午、晚三段时间里，太阳距离地球是有些变化的，但变化不大，不会影响到它看起来的大小。

这从一个简单的小实验可以看得出来。

清晨，当太阳从东方徐徐升起时，用一块经过蜡烛烟火熏黑了的玻璃片看太阳（注意：千万别用肉眼直接看太阳，不然会灼伤眼睛的）。手伸直，使玻璃片同眼睛保持一定距离，然后用铅笔在玻璃片上将太阳的影子画一个圆圈。

中午时，你仍用这块熏黑了的玻璃片看太阳，伸直手，同先前的距离一样。这时就会发现，中午时太阳在玻璃片上的投影，同清晨时画的圆圈正好吻合。

这个实验说明，无论在清晨还是在中午，太阳的大小看起来都是一样的。

天文学告诉我们，人和太阳的距离，早晚和中午时相差约为 6400 千米

（即约为地球的半径），这与地球和太阳的平均距离149597870千米（将近
1.5亿千米）相比，可算微不足道。所以早晚时所见太阳较中午时大，绝非
远近的关系，因此头一个孩子的说法错了！

又，地球与太阳之间的平均距离是约1.5亿千米。而地球绕太阳运行的
轨道是个椭圆，椭圆有两个焦点，太阳是在其中的一个焦点上，这样，地球
绕太阳转到轨道的每一个位置时，距离都是不相同的。地球离太阳最近和最
远时，分别是1.47亿千米和1.52亿千米，相差约500万千米。地球轨道上
的这两个点，分别叫作近日点和远日点。地球绕太阳的轨道是稳定的，每年
什么时候地球在轨道上的哪个位置，也都是基本固定的。近日点在每年的1
月3日前后，远日点约在7月4日。这说明，在冬天，地球离太阳近，夏天，
反而远。所谓的远和近，只是相差500万千米，只及1.5亿千米的1/30，以
这么一个不大的距离差额，不可能变更一年的寒暑。由此可见，早晚和中午
区区6400千米远近之差，对于早晚和中午的凉热就不会有任何影响了。所
以第二个孩子的说法也错了！

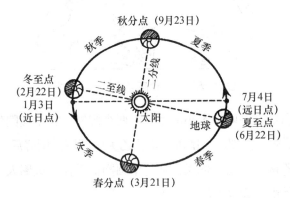

地球轨道上的近日点和远日点示意图

那么，如何解释"大小""凉热"现象呢？

原来问题不在太阳身上。在清晨、傍晚和中午所见太阳的大小不同，是
人的眼睛错觉而引起的。

地球穿着一件很厚的"外衣"，我们叫它大气层。大气中悬浮着无数水
珠、冰晶、尘埃、盐类等杂质，使空气透明度减弱。光线自天顶射来，要通
过的大气层薄；光线自地平面来，通过的大气层厚。所以，向天顶方向看，
天穹上的物体最清楚，觉得它最近。向天边地平方向看天穹上的物体，因为

通过的大气层厚，空气透明度弱，看上去就有些朦胧不清，觉得它非常遥远。这就使我们所看到的天穹不是半圆球面，而成为压扁了的弧面。天空愈亮，天穹的弧形愈显得低而扁。

在这个扁平的天穹上来看清晨、傍晚和中午时的太阳光盘，就会有大小不同的错觉。我们知道，距离不同的两个物体如果在观察者眼中张开的角度（视角）一样，远的那个物体要大些。太阳对我们来说，它所张的视角是相等的，清晨和傍晚时太阳在天穹边缘，中午时接近天顶。我们观察太阳时，由于已不自觉地受到了扁平天穹的影响，原来在半圆球面上一样大小的太阳，到了扁平的天穹上就不一样了，在地平方向上最大，到天顶最小。月亮在接近地平面时，看起来也比它在天顶时为大，这也是由于观察方向不同而引起的错觉。大小、明暗互衬也能产生错觉。

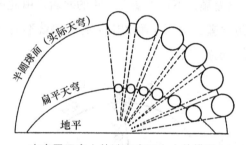

在扁平天穹上估计高度及大小的错觉

不妨先在白纸上画同样大小的甲、乙两个圆圈。在甲圆圈的周围画一堆比甲小的圆圈，在乙圆圈的周围画一堆比乙大的圆圈。画好后，你仔细看看，比较一下甲、乙两个圆圈，你就会觉得甲圆圈似乎比乙圆圈大了些。问题在哪里呢？这也是由于光学上的错觉造成的。

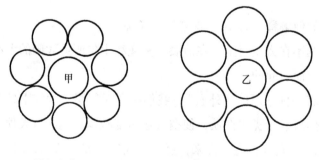

同样大小的甲、乙两个圆圈，却感觉甲圆圈大于乙圆圈

一个物体处在比它小的物体中间，看起来就显得大些；处在比它大的物体中间，似乎就小了些。如果同样大小的两个圆，一白一黑，你也会觉得似乎白圆比黑圆要大。这也是人眼的错觉造成的。

　　太阳的情况也正是这样：从地平线上刚升起和正落下时，天空稍有点黑暗，太阳显得更明亮、突出，看起来也就大些；中午时，天空背景已经很亮，日色与之相比差别不大，看起来就好像比早晚小了。

　　同样的，清晨、傍晚的太阳接近地面，附近有山丘、树林、房屋等物体与之比较，太阳就显得大些。当太阳升到头顶时，环境大不相同，这时天空广漠无垠，太阳高悬其中，看上去就好像小些了。

　　至于凉热不同，是因为早晚阳光斜射，通过的大气层较厚，大气层吸收的热较多，穿过大气层到达地面的热就比较少，所以觉得凉；到中午，阳光直射，通过的大气层较薄，大气层吸收的热较少，穿过大气层到达地面的热较多，所以觉得热。

　　两个小孩的争论之所以得不出结论，主要是受到当时科学水平的限制，同时也是他们只看到事物的表面，而没有看到问题的实质所致。

二、太阳之奇

（三）夜出太阳

1982 年 6 月 18 日晚，河北省承德隆化县的郭家屯沉浸在茫茫夜色之中，周围寂静极了。

当晚 22 时 11 分，有人发现郭家屯北方的天空由黑转亮，渐渐有白光出现，渐渐地一轮乳白色的圆盘自东北方的山后跃起，然后圆盘很快向四周扩散，颜色渐渐变淡，犹如一面用白纱蒙住的大圆镜。天空背景上的星星清晰可见。"镜面上"还射出一道白光，在山峦的衬托下，其景象非常壮观。

这是一种"夜出太阳"的奇特现象。这种现象，我国古书中有过许多记载。西周末期，现在山东北部有个叫莱国的地方，当地有人曾看过"日夜出"，莱国的统治者引以为奇景，把所见的地方命名为"不夜县"（今山东威海文登区东北 85 千米的地方），并建一座"成山日祠"的小庙作为纪念，祠址在今山东成山角。这是一段传说，记载在《汉书·地理志》中。《汉书·本纪》载，汉武帝建元二年夏四月戊申，即公元 139 年 6 月 11 日，夜里出太阳。

夜出太阳现象不仅在我国，而且在外国文献中也有记载。如公元 163 年意大利就有过夜出太阳的怪事。1596—1597 年冬天，航海家威廉·伯伦兹正困于北极的新地岛，等待着长达 176 天的漫漫长夜（极夜）过去。突然，在离预定日期还有半个月时，他们看到了本应处于地平线以下 5° 位置的太阳，从南方的地平线处喷薄而出。可是转眼间黑夜又重新来临了。

夜里真的会出太阳吗？当然不会。一些学者认为夜里出现的太阳实际上是一个冕状极光。太阳表面不断向外发出大量的高速带电粒子流，这些粒子流受到地球磁场的作用，闯进地球两极高空大气层，使大气中粒子电离发光，这就是极光。当太阳活动强烈，发出的带电粒子流数量特别多、能量特别大时，大气受到带电粒子撞击的高度升高，范围就有可能向中、低纬度区延伸，我国就能看到。在条件适当时，一种射线结构的极光会成为一个边缘不明显的红色圆形发光体，就叫"冕状极光"。人们很容易将冕状极光误认为是太阳。极光还会向东西方向漂移，且亮度越大，速度越快。所以冕状极光看上去也会有东升和西落现象。

还有的科学家认为，夜里出现的太阳是一种"对日照"现象。据莫尔顿和布莱克韦尔、杜赫斯特等人的观测研究，在春分和秋分前后，和太阳位置相对的黄道附近，即在所谓的反日点上，会有轮廓不甚分明的圆形亮斑，呈暗红色，这就是"对日照"。它很暗，月亮一出来它就隐没了，但没有月亮时，它的外形有点像太阳。

有些天文学家（如迦尼、克劳密林和我国的朱文鑫）认为，按哈雷彗星回归周期推算，163 年意大利夜间所见的"太阳"其实是哈雷彗星。可是查阅西欧的文献，并没有明确的记录。也有科学家认为，夜出太阳是一种大气光学现象。

前几年，许多学者热衷于研究 UFO（不明飞行物），他们认为夜间出现的太阳是外星人的飞碟。可是人们至今还没有见到一个实实在在的外星人或其遗体，当然难以证明古代外星人乘飞碟光临过地球。夜出太阳到底是怎么回事呢？这是一个仍待探索的天空之谜。

（四）日月并升与日月双照

在离浙江省杭州市 82 千米的海盐县，南北湖风景区的云岫山鹰窠顶，有时可以观赏到太阳和月亮在地平线上几乎同时升起的奇妙景象，人们称之为"日月并升"。

"日月并升"现象曾在当地群众中世代传说，在明代古书上也有记载。但由于种种原因，这一奇景几乎被淹没了上千年，直到 1980 年杭州大学的冯铁凝先生从古书中发现后，于当年农历十月初一会同武林中学的谢秉松老师来到鹰窠顶上，才有幸见到了太阳和月亮在凌晨并升的奇景。消息一传开，引起了很多游人莫大的兴趣。此后，每逢农历十月初一凌晨，都有数千人前往观看奇景。

凌晨 5 时许，游人成群结伴登上鹰窠顶，远眺茫茫东海，一会儿，一轮红日从水天相连处喷薄而出，稍后同红日一样大小的淡黄色"月球"，在红日边上冉冉升起，红黄两球同时缓缓跳动，忽沉忽浮。这时候，天空中霞光缥缈，平静的海面经晨风吹拂，像无数匹彩绸，向远处伸张，奇丽无比。

据考察，1984 年到 1985 年，"日月并升"出现时间最短的有 5 分钟，最长的 31 分钟，一般持续 15 分钟左右。

过去，民间流传日月并升奇景只有在狗（戌）年才能看到的说法，也有的说要上月（如农历九月）大（即为 30 天），下月（如农历十月）初一才能看到。但是，1981—1983 年的每个农历十月初一均未出现日月并升现象，1984—1985 年却有不少人饱了眼福。1984 年（闰年）有两个农历十月。奇景在正十月初一、初二不露面，初三却出现了 15 分钟，初四还可看到，直到初五仍出现了 5 分钟；而在闰十月初一，日月并升又出现过一次。1985 年农历九月只有 29 天，但在十月初一仍有不少人见到了这一奇景。

有幸看到日月并升奇景的人们，对于景象的描述不尽相同。明代陈梁看到的景象是"日月摩荡不止"，即太阳先升，随后月亮很快升起，并入太阳当中，这时候"送月印日心，二轮合体，雪里丹边相摩荡，还转不止"。大多数观看到这种情况的人，事后往往说他们看见初升的太阳中突然有个黑影出现，在日面上跃动。接着太阳的光线增强，黑影就消失了。黑影是否就是月亮则难以肯定。

有时，一轮红日先从地平线上升起，不久旁边跃出一个暗灰色的月亮，并在红日左右、上下跳动。当月亮跳入太阳时，太阳表面大部分被月亮遮住，颜色变暗。有时日月合为一体，重叠同时从海上升起，太阳圆面略大于月亮圆面，因而在太阳圆面周围露出一圈显出血红和青蓝色的光环。有时，月亮抢先从海面升起，太阳随之露出来，太阳托着月亮一起跃动。有时月影先在日轮之下，后又跳出日轮，在太阳周围跃动，月影部分闪现出月牙状。也有时月影在日轮中一起升起，并在日轮中跃动，直到月影消失。

早在两千多年前的汉代，就有"日月合璧"之说，即所谓"日月如合璧，五星如连珠"（《汉书·律历志》）。《辞海》对"日月合璧"的解释为："谓日月同升，出现于阴历的朔日。在我国很少见。"人们把这种奇异现象看成是祥瑞的象征。但到目前为止，仍没有做出科学的解释。

陈梁所谓的"月印日心"，就好像是日食一般，而日食不可能年年在农历十月初一出现。同时，日食在许多地方都可观察到，不会仅限于鹰窠顶等不多的几处。也有人认为，这是眼睛长时间注视同一目标，视觉出现疲劳造成的幻觉。

有气象学家认为，"日月并升"是一种"地面闪烁"现象，是由于自然条件比较特殊，冷暖气流垂直运动频繁，空气密度不断变化，太阳光线在瞬息变化的不同密度的空气层中传播，会产生各种异常的折射现象。这时看到的地平线上的太阳，有时会呈现出奇形怪状，有时仿佛忽上忽下、忽左忽右地在天边跳动着。

也有天文学家认为，云岫山上的鹰窠顶背山面海，没有任何遮掩物体，而顶峰同远方水天相连处基本保持平射线角度。由于天文因素，太阳到农历十月初一移到东南向升起，而这天月亮正好移到太阳旁，于是形成了"日月并升"的奇观。

（五）在灿烂的阳光下

在辽阔的宇宙空间里，在那无数发光的星体中，太阳是距我们最近的恒星。它给我们的光辉最强，是地球上最大的光源。每天早晨，一轮红日从东方升起，喷出万道金光，给大地带来了光明、温暖和生机。

太阳是一团巨大的炽热气体球，其中氢气约占 71%，氦气约占 27%，其他元素占 2%。太阳上是一望无际的冲天烈焰，火焰一忽儿冲到好几万千米高，很快又变成非常壮观的火雨。那里是一片永远燃烧的"海洋"。

科学家测算过，太阳表面的温度约为 6000℃，而太阳的中心温度更是高达 1700 万℃，压力约为 2000 亿个大气压！由于高温高压，太阳中心氢的原子核（氢核）聚变成更重的核（氦核）的热核反应能够不停地进行，不断地将自身的质量转化为能量，所以太阳每时每刻都在向四面八方释放出巨大的光和热。

太阳为维持自身能量的消耗，每秒钟就有 6 亿吨氢转化为 5.9574 亿吨氦。由于太阳质量是地球的 33 万多倍，且 70% 以上的物质都是氢，所以有的科学家说，太阳像现在这样照耀我们地球已有 50 亿年，估计今后的至少 50 亿年里，太阳仍将像现在这样光芒四射。

光芒四射的太阳每分钟释放的热能总量是 2.31×10^{28} 焦耳。假如用一层 12 米厚的冰层把太阳包起来，只要 1 分钟时间，太阳释放的热能就可以把冰壳全部融化掉！假如太阳释放的能量全部涌到地球上，无异于每分钟在每平方千米土地上投放 180 颗氢弹！万幸的是，日地间 1.5 亿千米的距离把这些能量的绝大部分都消耗掉了，真正送到地面上的能量只不过是太阳发出的热量总量的 22 亿分之一。在这"22 亿分之一"中，大约有 31% 被云层、地面和大气直接反射回去，约 33% 转化为长波热辐射[①]，通过地面和大气直接反射回太空。

太阳是地球从外界接受能量的唯一来源。然而，实际上，太阳并不是大气的直接热源，被太阳晒热的地球表面才是大气的直接热源。这个转变过程

---

① 辐射是物体用电磁波的方式放出能量，包括光和热等。辐射强弱和物体温度有关。电磁波有长短不同的波长。太阳表面温度高，发射出的电磁波波长比较短；地面温度低，发射出的电磁波波长比较长。

是：地球吸收太阳光，因而变暖，再以热（光波辐射）的形式重新把这些能量放出来，投入到大气中去，从而使大气温度升高。所以，说到底，太阳是大气温度变化之源。

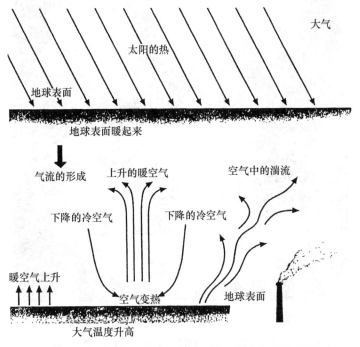

由于地球表面被晒热，大气变暖起来，这样的循环形成了气流

在地球表面上，有的地方得到的太阳能多，有的地方得到的太阳能少。阳光垂直照射的地方多，如赤道附近得到的光热多，形成了热带。从赤道向两极去，阳光越来越斜射，地面得到的光、热渐次减少，从而形成了温带以至寒带。太阳照热地表，又以水分蒸发和空气不规则的乱流运动形式把热量传递给空气，使近地面空气增温，并逐渐影响到高层空气，这样势必引起大气环流、大气的剧烈运动，从而引起长空风云舒卷、气象万千。

照射海洋的太阳光约有 85% 的辐射能被吸收。被海洋吸收的太阳能，大部分用于加热热带和温带的表层水，驱动洋流和海水的蒸发。洋流又把热带的太阳能输送到高纬度的海洋中去。从海水蒸发出的水汽和大气层中直接受热的空气一起上升，在高空向中高纬度地区运动，通过大气环流将热量传递到高纬地区。而从海面蒸发的水汽上升、降温、凝结，最后以雨、雾、雹等形式降落下来，有的蒸发到空中，有的流进江河湖泊，有的渗到地下，最后又流向大海。海洋、江河的水又不断蒸发，给大气补充水汽。

我国风云 2C 气象卫星第一幅可见光地球图像

（引自 2004 年第 6 期《气象知识》，图中白色为云，黑色为海洋）

太阳能还是推动地球表面上的风、流水、冰川等的外力，这些运动又不断地把山体上的岩层风化侵蚀成碎块，搬运堆积到江河湖海中去。这些松散的堆积物经过漫长的地质历史时代，又逐渐硬化成岩层。这样，地壳失去了平衡，来自地球内部的力量产生新的升降运动，又把海底的岩层抬出地表成为山脉，使之重新遭受外力侵蚀。这种外力和内力的不断交替作用，改变着地球表面的形态。

俗话说"万物生长靠太阳"，更准确地说，应该是靠太阳光。一切生物，只有靠阳光滋养才能生存和发展。太阳光给我们的世界以生机，是万物生长的动力。

三

风
云
可
测

毛主席说："人们为着要在自然界里得到自由，就要用自然科学来了解自然，克服自然和改造自然，从自然里得到自由。"[①] 人们在生产和生活中，为了能够充分地利用有利的天气条件，预防和克服不利的天气条件，迫切地希望掌握天气变化的规律。

我国是世界上文明发达最早的国家之一。我国古代劳动人民在长期实践中，积累了丰富的看天经验。在我国古代文献中，有比较系统的天象记录。根据甲骨文记载，早在三千多年前就有了春、夏、秋、冬的说法。到秦汉之际，二十四节气更加完备系统化，并出现了关于节气、月令的谚语，如"清明下种，谷雨下秧"等。晋《汲冢周书》按一年七十二候记载了物候现象。唐朝的《相雨书》是我国最早的一部天气歌谚集（有 169 条）。元末娄元礼所编写的《田家五行》，收集整理了几百条天气谚语，如"朝霞不出门，晚霞行千里""东北风，雨太公"等。直到今天，这些天气谚语仍然是我国广大人民群众认知天气的依据。

我国古代的气象成就，不仅反映在对天气现象的目测和认识上，而且还表现在气象仪器的发明和观测方法的制定上。我们的祖先很早就用土圭测量日影，利用黄昏时北斗星的位置定节气[②]。东汉科学家张衡发明了测风向仪"相风铜乌"[③]。到了唐代，风向已由封建社会初期的八个方位[④]发展到二十四个方位，风力定为八个等级：动叶、鸣条、摇枝、随叶、折小枝、折大枝、折木飞砂石、拔大树及根。这比诞生于 1805 年一直沿用至今的英国蒲福风力等级要早 1100 多年。雨量器也是我国最早发明[⑤]，从汉代已开始使用。我国古代对云的观测也是日趋详尽。在《史记·天官书》中已将云分为阵云

---

① 选自毛泽东《在陕甘宁边区自然科学研究会成立大会上的讲话（一九四〇年二月五日）》。
② 每年北斗星绕北极星转动一周。斗柄指东，天下皆春；斗柄指南，天下皆夏；斗柄指西，天下皆秋；斗柄指北，天下皆冬。
③ "相风铜乌"用一根五丈高的竿子做成，竿顶装着一个盘子，盘子上立着一个三只脚的"乌"（一种鸟）的造型。"乌"的口中衔着花，两只脚向外立着，一只脚与盘子相连。风来时，"乌"随风转动，指示着风的来向。"相风铜乌"，比欧洲"候风鸡"早一千多年。
④ 封建社会初期的八个风向方位是：不周风（西北风）、广莫风（北风）、条风（东北风）、明庶风（东风）、清明风（东南风）、景风（南风）、凉风（西南风）、阊阖风（西风）。
⑤ 公元 1247 年，南宋数学家秦九韶写的《数书九章》里，有一道算术题是计算雨量器容积的。公元 1425 年，明朝永乐末年，已将统一制造的高一尺五寸、直径七寸的雨量器分发全国。

（即直展云）、抒云（即层状云）等。以后发展到用图画来表示对云的观测结果。明代的古云图集内的一幅云图上写着："日入时，有黄白云如炮石在日上下，主来日辰巳时，天降冰雹伤物。"

但是，新中国成立前，由于长期的反动统治和帝国主义侵略的重要束缚，致使我国的气象事业没能得到很好的发展。只是到了新中国成立以后，在党和人民政府的领导下，气象科学事业才有了蓬勃发展。

1958 年以后，为适应生产的需要，特别是农业生产的迫切需要，全国大多数县级气象站开始做补充天气预报，农村开始建立了气象哨组，出现了群众办气象的新面貌。

20 世纪 60 年代以来，广大气象工作者深入生产第一线，把新的气象科学技术和群众看天经验结合起来，努力探索和掌握天气演变的规律，及时发布天气预报，为国民经济和国防建设提供各类气象情报、资料，做到了全国各地气象工作的开展更好地为农业生产服务。在农业生产关键期，如作物播种、收获等季节，及时发出大量的气象情报、气象资料和气候分析报告，使各级决策者能够及时地了解天气和气候特点，掌握生产的主动权。他们还加强调查研究，进一步掌握灾害性天气变化规律，提高了对台风、寒潮、大风、冰雹、霜冻、旱涝等灾害性天气的预报质量，使气象服务工作更加深入、扎实[①]。

---

① 本章文字写于 1976 年。

（一）从大气谈起

大气是什么？"天气"究竟是怎么回事？它与人类又有些什么关系？现在我们就来简单地谈谈这些问题。

什么叫大气　人们通常所说的天，是指整个宇宙和大气。我们知道，在地球外面包围着厚厚的一层空气，这全部的空气就叫作大气。

大气是混合气体。大气与人类息息相关。空气中氮气占 78.09%，氧气占 20.95%，其余是氩气（占 0.93%）和二氧化碳（占 0.027%）等。这四种主要气体成分占了大气总量的 99.999%。

大气的密度，随高度增加而减小。这是因为从地面愈向上，地球引力愈小，空气就愈稀薄。近地面十几千米的大气层里的空气量占大气总量的 75%，到 260 千米的高空，大气的密度就只有地面大气密度的 100 亿分之一了。

大气的边界在哪里？随着宇宙探索技术的不断发展，人们逐渐认识到：由大气层顶部到宇宙空间并没有绝对的界限，即使在离地面 3000 千米的高空也不全是真空，而是逐渐接近无限的宇宙。

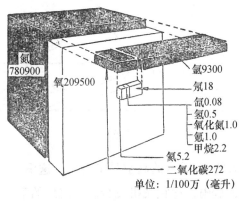

氮780900　氧209500　氩9300　氖18　氦0.08　氪0.5　氧化氮1.0　氢1.0　甲烷2.2　氙5.2　二氧化碳272

单位：1/100万（毫升）

大气的成分

大气的分层　人们根据大气层温度变化的特征，把它分成五层，就是对流层、平流层、中间层、热层和外层（散逸层）。

对流层是大气的最底层。地面上的空气受热上升，上面的冷空气下降，发生对流，所以叫对流层。这一层在赤道地区最高（17～18 千米），愈靠近两极，愈低。在我国上空，它的高度平均是 10~12 千米。对流层气温变化大，平均每升高 100 米，下降 0.65℃，同时，这里又集中了大气总量的 75% 和水汽量的 95% 以上，微尘也多，是风、云、雾、雨、雪、寒潮、台风、冰雹等天气现象变化的舞台。

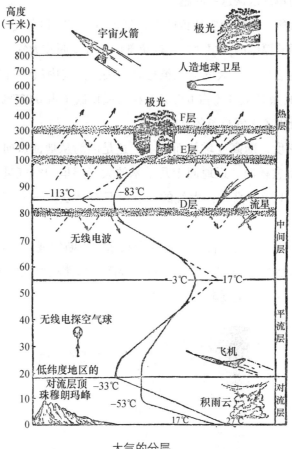

大气的分层

对流层之上到大约 50 千米的高空是平流层。这里空气稀薄，水汽和微尘都很少，不易布云造雨，适宜飞机飞行。平流层的下部（离地 20~30 千米）臭氧集中，叫臭氧层。臭氧层能吸收太阳短波辐射，使离地面 40~50 千米上空的气温剧增，又保护着地球上的生物有机体免受强烈紫外线的损害。

从平流层以上到 85 千米的高空是中间层。这一层内气温随高度升高而降低。中间层顶部尚有水分存在，偶尔能见到银白色的夜光云。

从中间层到 800 千米左右的高空，叫作热层。热层的气温很高，而且昼夜变化也很大。

热层以上就是大气的外层了。这一层的高度最高可达 3000 千米，气温很高，空气极为稀薄，一些高速运动着的空气分子可以挣脱地球引力、冲破其他分子的阻力散逸到宇宙空间去。

大气层还有其他的物理特征。例如，在大约 50～1000 千米的这一层里，大气经常受到从太阳和其他星球来的各种射线的作用，气体分子被电离，所以又叫电离层。其中在离地面 80～500 千米的这些区域里，电离密度[①]比较高。无线电波遇到电离层时，就像光线遇到"镜子"那样发生反射而折回地球，这样，我们才可以收听到远方的电台广播。

大气的运动　恩格斯《反杜林论》指出："世界的真正的统一性是在于它的物质性。"地球上高层的大气分子经常散逸到宇宙空间去，同时流星体和高能粒子也不断由星际空间进入地球。至于大气和地面之间，则每时每刻都在进行着频繁的动能、热能和水汽等物质交换。可见，天和地的界限是相对的，不是绝对的，它们都是统一的物质世界，而绝不是在"地上世界"之外，还有个什么上帝的"神的世界"。

恩格斯还指出："运动是物质的存在方式。无论何时何地，都没有也不可能有没有运动的物质。"宇宙间的一切，小至基本粒子，大至日、月、星辰等各种天体，都在运动、发展。地球周围的大气也是时刻在变化着。从几秒钟到几分钟的湍流[②]，从几分钟到几小时的对流活动，乃至几年、几十年、几百年或更长时期的气候变迁，都说明大气处在永不停息的运动变化中。我们经常看到的风、云、雨、露、霜、雪，以及感觉到的冷、暖、干、湿等，都是大气变化的现象。这种现象称为天气现象。一个地区在短时间内大气的状况及其变化，就叫作天气。

天气变化多端，不但今天的天气可能和昨天或明天不同，有时一天里也会有几种不同的天气。天气还随着季节的转换而不断地变化。

气候与天气不同。我们常说今天天气很好，而不说今天气候很好，因为气候是指一个地区较长时期内天气状况的综合，或者说是多年天气变化的平均状况。例如对于江淮流域的气候，就会说到初夏时节经常出现阴雨连绵的

---

① 每立方厘米电离了的气体中所含的电子数叫电离密度。它随高度以及昼夜和季节变化。
② 湍流是指大气中流动的、大小不同的涡旋，像水里的涡旋那样。

梅雨天气，几乎年年如此。

天气与人类的关系 我们生活在空气的海洋里，衣、食、住、行都受天气变化的影响。农业生产和天气的关系更加密切。农作物从发芽、出苗到茎叶繁茂、果实成熟的整个生长发育过程都是在气象条件的综合影响下完成的，像日光、温度、水分等，对作物生长都有决定性的意义。天气还影响耕种、田间管理、收割等各项农业生产活动。改革耕作制度，合理布局作物，繁育、推广新品种，以及改良土壤、扩大耕地面积、除虫灭害、兴修水利，也需要了解当地的气候条件，掌握其风云演变的特点。其他，如林业、渔业、畜牧业、工业、交通、基本建设，以及环境保护、森林防火等，也都和天气有密切关系。

天气还直接间接地关系到国防建设事业。航空、航海以及炮兵、装甲兵等兵种的行军、作战和后勤供应等，都离不开一定的天气条件。导弹、人造卫星的发射，需要气象资料，特别是风随高度分布的精确资料。因此，准确及时地为各种军事活动提供可靠的气象资料，掌握天气变化情况，是落实战备的一个重要方面。

天气与地震 值得注意的是，地震与天气变化也有关系。《平陆县志》记载，1815 年山西平陆大地震前，"八月九日阴雨连绵四旬，盆倾檐柱，过重阳微晴，十三日大雾，乡老有失者，霾雨后天大热，宜防地震"。后来果然发生了地震。1933 年四川迭溪大地震，也有这样的记载说"连日皆极晴朗炎热，震前尤甚"，下午二时半地震。夜间气象陡变，狂风大作，暴雨忽来，十时许地忽又大动。1965 年冬至 1966 年春，河北邢台地区出现了多年未遇的寒冷天气，其后又是风沙雨雪冷热无常，恰在这段时间里发生了大地震。有人对某些地区地震发生的时间作了统计后，发现气压变化越大时，地震次数越多，而山区的地震发生在气压下降时比例数大。有关"冷热交错，地震发作""久晴动，久阴动""早震晴，晚震阴"等谚语，都说明天气变化与地震的关系。天气变化时，可能是大气对地壳各处压力不均，促成快要发生断裂的地层很快断裂而引起地震。另外，历史上还常有大旱大涝后发生地震的情况，这可能是地下水的多少发生变化，破坏了原来的平衡，触发了地震。究竟地震与天气变化有多大关系，尚待进一步研究。

（二）风云变幻　气象万千

天气，变化多端。有时天高云淡，晴空万里，艳阳微风；有时乌云翻滚，风雨交加，电闪雷鸣。至于生云、起雾、刮风、下雨、飞雪、降雹、结露、凝霜，那就更复杂了。真所谓风云变幻，气象万千。

1. 冷和热

（1）形成天气现象的能量

平时，我们所看到的风、云、雨、雪、雷电等天气现象，可以概括地说，都是能量在转换过程中发生的现象。发生这种种天气现象所需要的能量之大，不是现代科学技术所能创造的。例如，在夏天，要形成一堆中等强度的积云，如果用人为的能量来创造，就需要 1160 万度的电。从北方南下的冷空气，在 200 千米的一段距离内，要使冷锋上的风速维持每秒 20 米达两三小时，就需要消耗 1 亿万度电。一次普通的台风，单计算区域内风的能量，就相当于 2000 个氢弹爆炸时所产生的能量；如果计算其全部能量（包括云、雨、雷等的能量），那就大约相当于 10 万个氢弹爆炸时所产生的能量。

人们要问：形成天气现象的能量如此巨大，它究竟是靠什么来供应？

我们知道，天气发生变化是大气层空气的物理性质改变而形成的。而大气改变物理性质所需的能量是取自太阳。因此，可以说，促使天气发生变化所需要的能量是来自太阳。

太阳是一个炽热的火球。它不断地向周围宇宙空间放射光热巨流，叫太阳辐射。其辐射面（即太阳表面）的温度约 6000℃，核心温度更高达 1360 万摄氏度以上。太阳辐射是一种短波辐射，它每年辐射 30×10^{36} 卡的热量，相当于 35×10^{38} 万度电，其中，约有 22 亿分之一的辐射投射到地球上来。据测算，在大气上界与阳光垂直的平面上，每平方厘米的面积上每分钟所得到的太阳辐射的热量为 1.9 卡（不考虑大气层对太阳辐射的吸收、反射、散射等影响）。而来自月亮等天体的辐射能量极少，从地球内部传向地表的热量，每平方厘米地面上，全年总共也才 54 卡，这些微小热量都对地面和大

三、风云可测

气的升温不起什么作用。因此，可以说，太阳辐射是地面和大气热量的主要源泉。

太阳光照耀着大地，给人类以光明，给万物以生命。太阳辐射能的利用有着广阔的前途。随着生产的发展、科学的进步，人类将在自身的各种活动中，更进一步地利用太阳能。

（2）四季的冷热

一年四季，寒来暑往；一天之内，早晚凉、中午暖。这种气温的年变化和日变化，是由于太阳辐射在各个时间里的强度不同而引起的 [①]。

四季冷热的变化　我们居住的地球不停地自转着，从而形成昼夜的交替。同时，地球又斜着身子绕太阳运转，这叫公转。地球自转轴和公转轨道面呈66°33′的角度斜交，并且在公转时倾角保持不变。由于地轴的倾斜，地球公转到不同的位置时，地球上不同区域接收到的太阳光热也就不同，有时候地球北半部（北半球）阳光强，有时候南半部（南半球）阳光强。因此就形成了四季，产生了冷热变化。

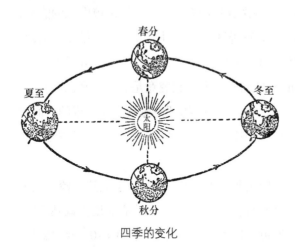

四季的变化

北半球夏季，照射到北半球的阳光的倾斜程度（即太阳高度 [②]）比南半球小，太阳光穿过大气层的厚度小，被大气吸收、反射和散射程度也小，到达地面的光和热就多。同时，夏季北半球白天长、黑夜短，得到的光热也多。所以，这时北半球天气比较热。北半球冬季，北半球昼短夜长，阳光倾斜程度大，得到的光和热少，天气比较冷。

---

① 一个地方变冷和变热有时很不规则，受海陆、云量、季节、纬度、地表性质、海拔高度等影响很大。也就是说，引起一地气温变化的原因除太阳辐射外，还有各种各样的原因。
② 太阳高度又称太阳高度角，是指太阳光线与地面之间所成的角度。

春季和秋季，太阳光差不多垂直地照射在地球的赤道一带，南、北半球太阳光的倾斜程度适中，得到的光、热不多也不少，昼夜长短又差不多相等，天气不冷不热。四季冷热的变化就是这样形成的。但是，南、北半球寒暑季节出现的时间正好相反，如北半球是夏季时，南半球这时却是冬季。

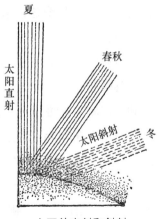

太阳的直射和斜射

在我们北半球，在同一季节里，南方总比北方热（暖）。其原因与四季冷热变化的主要原因是一样的，都是与太阳光的照射有密切关系。从赤道到北回归线（北纬 23°27′）之间的地区，一年之中都有太阳直射的机会，即使不是直射，正午太阳高度角也比较大，地面接收的太阳光热多，天气常年湿热，那里就叫作热带。

从北极圈（北纬 66°33′）到北极点之间的地区，冬半年出现漫长的黑夜，即使在有太阳的夏半年，太阳也只在地平线附近低掠而过，阳光斜射，地面上得到的热量少，天气终年十分寒冷，那里就叫作北寒带。

从北回归线到北极圈之间的广大地区，阳光有时直射，有时斜射，天气冷热比较适中，那里一般不像热带那样炎热，又不像寒带那样寒冷，这个地区叫北温带。

我国地跨北温带和热带，在任何季节里，靠近热带的地方，天气都比较热；靠近寒带的地方，天气就比较冷。所以，一般情况下，我国都是南方比北方热。

我国四季的状况　为了确切地表明我国各地的冷热状况，冷热时期的长短和出现的早迟，通常以候温为标准来划分四季。按这个标准，凡是候平均气温在 10～22℃ 的时期为春季或秋季，在 22℃ 以上的时期为夏季，在 10℃ 以下的时期为冬季。这样划分出来的四季，其特点是北方冬长夏短，南方冬短夏长。例如黑龙江省最北部，大致无夏，冬季长达 8 个月，春秋相连。广东、广西的南部大致无冬，夏季长达半年以上，春秋不分，南海诸岛则终年皆夏。而长城以南、秦岭淮河以北的广大地区，冬夏占 4 个月，春、秋两季各占 2 个月，四季较分明。

我国各地四季长短既不同，那么季节开始和终止期自然也有先有后。大致越往北方，冬季开始越早，夏季出现迟。4月下旬，广州已经入夏，上海这时春意正浓，而哈尔滨却冬犹未尽。9月下旬，东北地区已经秋去冬来，江淮流域则是盛夏刚过，凉秋未至，而华南仍是炎炎盛夏。

春暖和春寒 春天开始以后，我国大地气温逐渐回升，天气一天比一天暖和，这就是春暖。

但是，在春天，北方冷空气的活动次数仍很多，经常向南移动，经华北到达长江流域。冷空气向南移动时，将暖空气推走。由于暖空气湿而轻，就沿着冷空气的斜坡上升，到达一定高度时，多余的水汽就凝云致雨（雪）。春天的"毛毛雨"和"桃花雪"都是这样形成的。如果暖空气被迫继续升高，还会出现乌云漫天和惊雷闪电的现象。因此，在春天，当冷空气过境时，常常刮五六级以上的寒风。这时，在我国北方有时会出现雨雪交加、温度急剧下降的"春寒"天气；在长江中下游地区有时会出现低温连阴雨天气。这两种天气对越冬作物（如小麦）返青、拔节不利，在春分至谷雨时节对水稻、棉花等作物的育秧、播种不利。因此，要注意掌握天时，防霜防冻，防止烂种烂秧，抓住冷尾暖头，抢晴播种。

每次"春寒"以后，冷空气被地面逐渐烘热，再加上太阳的照射，气温渐渐升高，天气由寒变暖，云消雨散，出现一派明媚的春光。但同时又孕育着下一次冷空气的到来。所以春天常常是乍暖乍寒，冷几天，暖几天。

秋凉 秋天是夏天转变到冬天的过渡季节。这时常是天高云淡，风和日丽，不冷不热，十分宜人。人们常用"秋高气爽"的词句来赞美它。但是，初秋时节，北方冷空气势力还较弱，副热带暖高压频频北上，虽在暑夏之后，也往往出现三五天或一星期左右的闷热天气。在江淮流域，有的年份9月中旬、下旬午后，最高气温会升高到34℃以上，人们常称这种天气为"秋老虎"。

然而，随着北方冷空气不断增强，"白露"过后，阵阵北风吹来，驱散了暑气，降低了空气湿度，使人顿觉清新凉爽。冷空气不仅带来一次又一次寒风，有时还带来阵阵雨水，因此有"一阵秋风一阵凉""一阵秋雨一阵凉"的说法。一般情况，秋天大致每隔4天日平均气温下降1℃，所以谚语说："白露秋风夜，一夜冷一夜。"夜间，空气中的水汽在草木上凝结成露，气温在0℃以下，便结霜。秋天经过"一场白露一场霜""一番秋雨一番冷"，就逐渐过渡到冬天了。

秋天天高气爽，对晚秋作物的生长、成熟十分有利，对冬小麦的出苗也大有好处，人们常说"金色的秋天"，不是没有道理的。但是，秋天有时也出现低温连阴雨天气，影响晚稻开花授粉，造成棉花幼铃脱落和烂铃僵瓣。此外，在深秋，当强冷空气爆发南下时，可能引起早霜冻，使晚秋作物受冻减产，这些都要特别注意预防。

（3）早晚凉，中午热

一年四季有冷有热，同样，一天当中也有冷有热，这就是我们常说的"早晚凉，中午热"。这又是怎么回事呢？我们知道，空气增温所需的热量是来源于太阳辐射，但并不是直接源于太阳，而主要是地面把它"烘热"的。就是太阳光先晒热地面（陆面和海面），地面增温后，再通过辐射、对流、乱流等形式向空气传导热量，使空气温度增高。所以，地面受热以后，还需要一段时间，气温才能升高。

中午的时候，太阳高度角最大，太阳辐射最强，地面和近地面空气层得到的热量最多，所以天气很热，但气温还没有达到最大值。中午以后，地面温度继续升高直到地面放出的热量等于太阳所供应的热量时，地面温度才升到最高值；而气温的升高是由地面供给热量的，并稍落后于地面一段时间，因此，一天中的最高气温不是出现在中午，而多出现在午后两点钟左右。

太阳落山后，地面和近地面空气层大量散热，气温不断地降低。到第二天日出前的一段时间里，地面散热达到最大值，所以气温最低。

一天内最高气温和最低气温相差大的地方，在一定意义上讲，对作物生长是有利的。这种地方白天光照时间长而强烈，温度高，作物的光合作用强，制造的养料多；到夜晚温度很低，呼吸作用减弱，养料消耗得少，因此，作物积累的有机质多，生长健壮。如在我国西北地区，瓜果一般都长得又大又甜。

（4）海陆冷热的变化

气温的变化，一般来说，沿海地区比较缓和，内陆地区比较剧烈。这又是什么原因呢？

大家知道，海洋和陆地的物理性质是不同的。如海洋的热容量比陆地

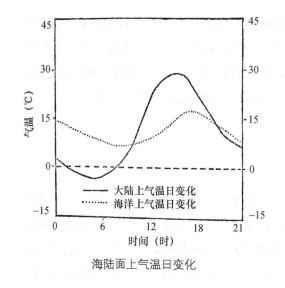

海陆面上气温日变化

大，同样的体积，陆地的热容量平均不到海水的一半。海洋表面对太阳光热的反射能力比陆地表面小，因此单位面积的海面上比陆面上所得到的热量要多些。还有，海水有一定的透明度，投射到水面的太阳光热，有一部分会透射到较深的水层中，热量不至于集中在水的表层，特别是海水经常波动和流动，可以把热量输送到深层储藏起来。而陆地是一种既不透明又不流动的固体，太阳辐射集中在地表，热量容易散失。上述种种原因造成了海陆在吸收和放出同等热量时，海面温度和气温的升降比陆地缓和，同样，沿海地区气温的升降也就比内陆缓和。

由上也可以看出，白天（或夏季）陆地得到的热量虽比海洋少，但多集中在表层，温度升高快，同时输送给空气的热量也多，气温比较高。而海洋得到的热量虽多，但大部分被输送到水的深层储藏起来，海水的蒸发也要消耗一部分热量，输送给空气的热量少，气温便低一些。夜间（或冬季）的情况正好相反，陆地热容量小，地表散热快，冷却也快，气温比较低。海洋热容量大，表层的热量虽不断散失，但储藏在深层的热量不断补充到海面，气温仍比较高。这就是说，白天（或夏季）陆地上的气温比海洋高，夜晚（或冬季）海洋上的气温比陆地高。

陆地上气温日变化的振幅比海洋上大得多，夏季内陆地区气温日变化的最高和最低温度相差30～40℃的情况并不稀奇。

我国沿海地区因受海洋影响，气温年变化和日变化较缓和。而西北内陆地区因离海较远，气温的年变化和日变化较剧烈，正如谚语所说："早穿棉，午穿纱，怀抱火炉吃西瓜。"

（5）高处不胜寒

在高山上，气温比平地低，有的山顶甚至终年积雪。例如，庐山海拔1474米，当位于山麓的九江气温在30℃以上，正是挥汗如雨的盛夏天气时，山顶气温却只有25℃左右，还只是初夏，早晚恰似春天一般。峨眉山，海拔3099米，时间在夏天，季节却还是春寒料峭。泰山（海拔1524米）和华山（海拔1997米），比庐山略高，夏天气候如阳春。至于喜马拉雅山脉中的11个海拔8000米以上的高峰，更是终年积雪，冰峰林立，冰川起伏，气温常低至 −40～−30℃。古语说"高处不胜寒"，是很确切的。

高处不胜寒，山高是关键因素。我们已知道，空气不是靠直接接受太阳辐射热增温，而主要是靠地面"烘热"的。尽管高处太阳辐射强，但围绕高山的空气只能受到高耸入云、面积较小的山峰的烘烤，接受的热量少，同时，高山上空气中水汽、尘埃比平地少，风又大，热量容易散失，所以气温比平地低。通常地势每升高100米，气温下降0.65℃。由此可以推算出，海拔1840米以上的黄山，炎夏时的平均气温不过16℃，真是"常恨春归无觅处，不知转入此中来"。随着山势与气温的变化，自然景物也有显著变化。在黄山和庐山，1000米以下生长着常绿的阔叶树，1000米以上就只有针叶树和冬季落叶的阔叶树了。我国和尼泊尔交界处的世界最高峰珠穆朗玛峰，海拔8848.86米，从下到上共分八个自然带，真是丰富多彩、气象万千。

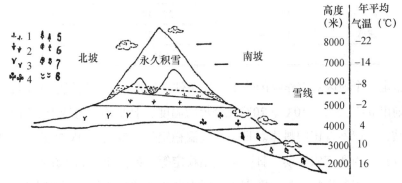

珠穆朗玛峰植物垂直分布示意图

1.高山地衣；2.高山草甸；3.高山草原；4.高山灌丛；
5.针叶林；6.针叶阔叶林；7.常绿阔叶林；8.冰川

三、风云可测

053

（6）气温与农业

农作物的生长发育，必须在适宜的温度条件下才能进行。若气温超过作物所要求的最高温度，或低于其所能忍耐的最低温度，作物的生命过程就会减缓，甚至死亡。

作物的基本生命过程，是在 0～35℃进行着的。在这个限度内，作物的生长和发育，一般随温度的升高而加快。大体说来，温度每升高 10℃。作物生命过程的速度就加快 1～2 倍。当气温超过 35℃时，生命过程就会减弱；超过 40℃时，生命过程就会停止。

各种作物生长的温度

作物品种	生长最低温度（℃）	生长最适温度（℃）	生长最高温度（℃）
水稻	10～12	30～35	40
小麦、大麦	3～5	25～31	31～37
玉米	5～10	37～44	44～50
粟	6～7	30～31	44～45
荞麦	3～5	25～31	37～44
棉花	15	25～31	46
大麻	1～5	37～44	44～50
甘薯	18	25～30	35
大豆	10	30	40
豌豆	1～2	30	35
南瓜	10～15	37～44	44～45
黄瓜、甜瓜	15～18	31～37	44～50
茄子	15	34	47

鉴定一个地区对农作物的热量供应条件，通常以日平均气温为指标，大致可划出 0℃、5℃、10℃、20℃几个界限温度：日平均气温低于 0℃时，土壤冻结，一般不宜田间耕作。日平均气温稳定等于或高于 0℃的始终日期与持续日数，为适宜农耕期。日平均气温稳定等于或高于 5℃的始终日期与持续日数，为越冬作物生长活跃期（实际上冬小麦的生长活跃期的始温比 5℃稍低）。日平均气温等于或高于 10℃的始终日期与持续日数，为越冬作物生长活跃期和喜温作物生长活跃期。日平均气温等于或高于 15℃的始终日期和持续日数，为喜温作物适宜生长期。

不同的作物，或同一作物的不同发育期，所需要的界限温度也不同。水稻、棉花、玉米等喜温作物的播种期，要求日平均气温稳定在 10℃以上。晚秋时节的日平均气温若低于 10℃，甘薯、棉花等喜温作物的生长就会显著地受到抑制，可认为是其停止生长期。稳定在 10℃左右的日期为大多数作物的生长季。冬小麦、油菜等越冬作物，为了充分利用越冬前的生长季节而又防止其冬前旺长受冻，就需要注意其生长停止期出现的早迟，确定适宜播种期。水稻抽穗扬花的安全期，要求日平均气温稳定在 20℃以上（晚籼的温度界限稍高）。我国愈向北方去，水稻的安全生长期愈短，早熟性的要求愈高。

在其他条件都能满足作物需要的情况下，一地区一年内温暖天气时间越长，平均温度越高，生长季就长，那么农作物的种类就多。例如华南地区，温暖时间特别长，生长季长的作物也能生长，不少地区一年三熟，有些地区还发展了热带作物。

（7）我国气温的分布

我国气温一般是南方高北方低。年平均气温华南为 20～25℃（西沙群岛达 26.5℃），华中 15～20℃，华北 10～15℃，东北南部、准噶尔盆地、西藏南部 5～10℃，塔里木盆地 5～15℃，松嫩平原 0～5℃，藏北高原 –6℃。

1 月是全国最冷月，为冬季的代表月，南北温差大。1 月平均气温，华南在 10℃以上（海南岛 17.3℃），云贵高原 5～10℃，长江上游 –10～–5℃，长江中下游 0～5℃，华北及黄土高原、青藏高原都在 0℃以下，东北和新疆的大部地区 –20～–10℃，黑龙江省海拉尔地区约 –27.6℃。1 月份平均气温，广州与北京相差 18℃（1 月广州平均气温为 13.2℃，北京为 –4.8℃），与哈尔滨相差 33.3℃。平均每一个纬度气温相差 1.5℃。

通常以候平均气温在 0℃以下作为严寒标准。按这个标准，长江以南没有严寒期，江淮地区不足 1 个月，华北 2 个月，内蒙古和东北南部各有 4 个月，东北北部和准噶尔盆地各有 5 个月左右。冬季绝对最低气温，华南在 0℃以上，华中在 –10℃左右，四川盆地受地形影响在 –3℃左右，华北为 –25～–15℃，东北南部及内蒙古大部分地区在 –35℃左右，东北北部为 –50～–40℃。新疆阿尔泰山南坡的富蕴，1960 年 1 月 21 日，气温曾降到 –51.5℃，是我国极端最低气温的纪录。

4 月（春季代表月）和 10 月（秋季代表月）的平均气温，除华南、青藏高原和东北地区以外，都在 10～20℃。此外，在长江流域及华南地区，由于地处近海位置，春季云雨较多，一般是秋温高于春温。西北内陆地区水汽稀少，距海又远，春季日照强，秋季日照弱，所以春温高于秋温。

7月是全年最热月，为夏季代表月。这时期全国普遍高温，南北温差小。7月平均气温除青藏高原和一些高山外，绝大部分地区都在 24℃以上，新疆吐鲁番盆地更高达 33.4℃，这里每天最高气温都超过 40℃，是我国夏季最热的地方。7月份平均气温，广州与武汉相等，与北京相差 2.8℃（7月广州平均气温 28.6℃，北京平均气温 25.8℃），与哈尔滨也只相差 5.3℃。

通常以候平均气温在 30℃以上作为炎热标准。按这个标准，吐鲁番盆地的炎热期有 3.5 个月，华中 1 个月左右，华北和华南半个月左右。夏季午后气温可达 40℃以上的地区，有四川盆地的重庆，两湖盆地的武汉、长沙、衡阳，以及九江、南昌、吉安、南京等地和塔里木盆地，准噶尔盆地的吐鲁番。吐鲁番 1941 年 7 月 4 日的气温，曾上升到 47.6℃，是全国绝对最高气温的纪录。

2. 露、霜、雾

（1）空气中的水汽

我们看到，地上有的积水不久没有了，湿衣服不久也干了。这些水到哪里去了？它们是受太阳照射和刮风的影响，化成水汽跑到空气中去了。这种由水变为水汽而进入空气的物理过程叫作蒸发。地球上的江河湖海水面和土壤、植物的表面，蒸发作用时时刻刻都在进行着。空气容纳水汽的能力随温度的高低而变化，温度越高，容纳的水汽越多。例如：1 立方米的空气中，气温为 4℃时，所能包含的最多水汽量为 6.36 克；在气温为 20℃时，则为17.3 克。当进入空气中的水汽超过了当时空气所能容纳的最大限度时，便是达到了所谓的"饱和"状态。"过剩"的水汽遇冷就变成细小的水滴从空气中分离出来了。这种由水汽变为水的物理过程，就叫作凝结。云、雾、雨、露就都是水汽的凝结物。

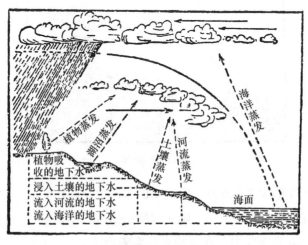

水受热变成水汽，水汽遇冷变成水

蒸发、凝结和降雨

空中的水汽既可以凝结为云雾雨露，也可以凝华（又称气固）为冰晶、霜、雪。冰、霜、雹、雪又既可以升华为水汽，也可以融化为水或水滴。而水既可以凝固为冰，也可以蒸发为水汽。这种水状态的相互变化，叫作水的内部循环。

水汽在空中或凝结或凝华，先织成"云锦天衣"，再造成雨雪下降。下降到地面的雨水，一部分汇入江河流到海里，一部分成为地下径流，也流向海洋，这样，就构成水的外部循环。

自然界水的循环

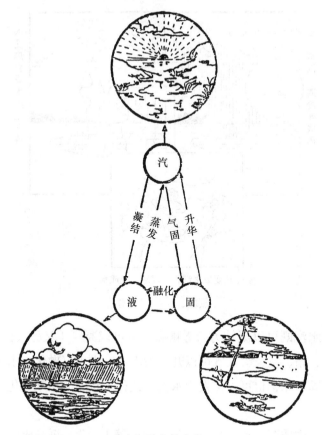

水汽形态的变化

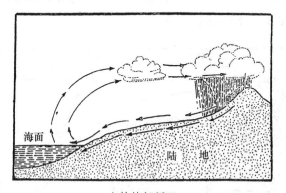

水的外部循环

　　蒸发使空气里含有了水汽。空气里的水汽含量叫作湿度。空气湿度，通常用绝对湿度和相对湿度表示。绝对湿度是指单位体积空气中的实有水汽含量，常用1立方米空气中含水汽的克数来表示（克/立方米）。绝对湿度越大，表明空气中的水汽越多。相对湿度是指空气中实有的水汽含量占同样温度条件下饱和水汽含量的比值，用百分比来表示。相对湿度能说明空气的干湿程度。当实有水汽含量等于饱和水汽含量时，相对湿度是100%，表明整个空气已经饱和，也就是说，空气十分潮湿了。有时，相对湿度稍大于100%，这表明空气处于过饱和状态，天气就容易下雨、起雾或结露。当空气十分干燥时，相对湿度可低到30%以下，有时甚至接近于0或等于0。这样低的相对湿度，在我国河西走廊曾经观测到。平常人们所说的湿度，多半指的是相对湿度。

（2）露和霜的由来

露或霜不是从天上落下来的，而是近地面空气层中的水汽接触冷却的地面或物体所形成的凝结物。凝结温度在0℃以上便成露，0℃以下则成霜。

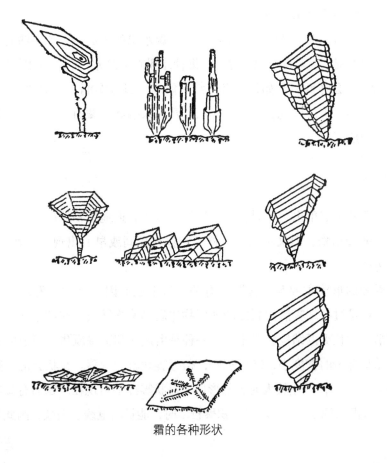

霜的各种形状

露或霜通常在晴朗微风的夜晚形成。因为碧空有利于辐射冷却，微风带走已经发生过凝结的空气，使新鲜的潮湿空气不断流来补充，结果形成很大的露或霜。如夏末秋初，贴地面空气层湿度较大，晴朗微风的天气较多，夜间时间长，有利于辐射冷却，所以常常出现露。特别是疏松的沙土、植物表面，辐射冷却作用强，形成露或霜的机会更多。露或霜的出现常常是晴天的预兆，农谚说"露水起晴天""霜重见晴天"。

露水天气有利于作物生长。这是因为，在晴朗的白天，作物的光合作用强，累积较多的有机物质。到夜晚，作物浸浴在潮湿的冷空气里，呼吸作用减弱，消耗的养分就少，同时，作物体内饱含水分，有利于有机物质的转化和运输，可及时供应作物生长的需要。

在少雨的炎热时期和干旱地区，露水是作物的水源之一。炎夏，白天作物蒸发掉大量的水分，发生轻度枯萎，到了夜间，露水便使作物恢复了生长能力。在我国西北近沙漠地区以及其他一些干旱少雨地区，常采取一些有效的办法，利用露水来润湿土壤。

然而，露水对农业也有一定的危害。像水果的表面上，如果沾有大量露水，会发生疵点，降低水果的品质，即使水果在贮藏室内，若发生结露现象，水果品质也会降低。再如作物茎部结有露水，过分湿润，会促使病菌繁殖，引起作物的病害。因此，在作物生长、水果采摘和收藏时节，不能忽视露水所带来的危害。

（3）雾凇

在严冬季节里出现雾时，有时树枝、电线和近地面物体的突出部分，会有像霜的凝结物，但又和霜不一样，它仅在夜间或早晨出现，这就是雾凇，又叫树挂。

雾凇的形成主要与"雾"天有关。从生成原因和结构来看，常分为两种。一种是过冷却雾滴碰到冷的地面物体后迅速冻结成粒状的小冰块，叫粒状雾凇。粒状雾凇结构较紧密。另一种是由过冷却雾滴凝华而形成的晶状雾凇。晶状雾凇的密度小，结构疏松，稍有震动就会脱落。粒状雾凇一般在气温为 $-7\sim-2℃$、风速较大时容易形成。晶状雾凇多出现在严寒而有微风的天气里，气温要低于 $-15℃$。雾凇积聚较多时，能折断电线、树枝，因此要设法预防。

（4）雨凇

冬季或早春时节，有时从空中降下的雨滴，一碰上树枝、电线或其他物体，便马上冻结成外表光滑、晶莹透明的冰壳，有时它还边滴淌，边冻结，像一条一条冰柱挂下来。这种滴雨能成冰的雨称为冻雨，冻雨形成的冰就称为雨凇，也叫冰凌、树凝。

其实冻雨是一种过冷却的雨滴，它本身并不处于冻结状态。可是，当气温在0℃以下，冻雨一旦与物体碰撞，水分子的结构就改变为冰分子的结构，立刻冻结，变成固态的冰而成为雨凇。

在严冬时节，云中温度一般都在0℃以下，是容易下雪的，如果这时下了雨，说明雨滴在0℃还没有结冰，而是以过冷水滴的形态存在。这种情况，大多是在冷暖空气交锋时，暖空气势力比较强的情况下才会出现。如果这时靠近地面的一层空气温度稍低于0℃（如气温太低，雨滴未掉至地面就会冻结），上面的空气层或云层温度在0℃以上，再往上则又是温度低于0℃的云层，那么雪花从这一云层落入暖层融化为雨滴，然后又掉进近地面低于0℃的冷空气层内，雨滴迅速冷却，其中较大的雨滴容易冻结成冰粒到达地面，较小的雨滴仍保持液体状态成冻雨降至地面，形成雨凇。有时，当非过冷雨滴降到冷的物体表面上时，也可以形成雨凇，但这种雨凇很薄，存在的时间不长。

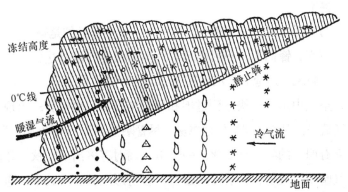

➛冰晶 ✳雪花 ◻过冷水滴 •小雨滴 ●大雨滴 〇冻雨 △冰粒

冻雨的形成

我国大部分地区雨凇都在12月至次年3月出现，以隆冬1—2月为最多，12月次之，3月较小。但新疆维吾尔自治区以及辽宁、河北、山东等省都集中出现在 11 月或 3 月。各地雨凇初日，北方在 11 月中旬，江南一带在 12 月上、中旬，东南沿海在 1 月中旬以后。雨凇终日大部分地区都在 3 月中旬，但东南沿海在 1 月底 2 月初便结束。

雨凇会压断树枝、电线，影响交通。为了防止雨凇的危害，需要掌握它出现的时间和强度及其地理分布规律。在设计输电、通信线路时，尽量不要在常出现雨凇的山脊、迎风坡等地方设线，可能出现严重雨凇的地方，电杆、电线要加固。对重要线路，气象部门要进行电线结冰预测，事先发出警报，以便有关部门采取积极防御措施，如采用电气加热法，防止电线结冰，或发动沿线群众，用特制工具敲掉电线上的挂冰，保证线路畅通。

（5）谈雾

人们常说"云雾霭霭"。其实云和雾没有什么本质不同，它们都是水汽的凝结物。当空气中的水汽含量达到饱和状态时，多余的水汽便凝结成小水滴。这些小水滴飘浮在高空，便成云；降到地面，便是雨；悬浮在地面上，就成为雾。

雾有浓、淡、轻、重之分。这是以正常人眼睛的水平能见度来区分的：从一个水平面上看去，能见距离小于 50 米的叫重雾；50～100 米的叫浓雾；200～500 米的叫大雾；500～5000 米的叫中雾；10000 米以内的叫轻雾，它是灰白的稀薄雾。

雾产生的原因很多，因而有不同的种类。其中常见的是辐射雾、平流雾、蒸汽雾、上坡雾、锋面雾。辐射雾是空气因辐射冷却水汽达到过饱和时形成的。在晴朗、微风、近地面水汽比较充沛的夜晚或早晨，地面迅速散热冷却，气温骤降，空气中水汽很快达到过饱和便凝结成雾。辐射雾的出现，一般表示当天天气晴好，因此有"早晨地罩雾，尽管晒稻谷""十雾九晴天"的说法。

辐射雾有明显的年、日变化。一年里，辐射雾多出现在秋、冬两季，因为这时天气晴朗，夜长，辐射冷却强烈，容易形成雾。一天中，通常清晨雾浓，等到日高地暖，空气受热上升，乱流增强，逆温破坏，雾开始消散，到傍晚 8 时至次日 10 时，便完全消散。

辐射雾的发生次数和浓度因地区而不同。在潮湿的山谷、洼地、盆地里，风小，水汽储积不散，来自山坡上的冷空气又聚集其中，加剧了空气冷却，经常出现辐射雾。在我国，四川盆地是辐射雾最多的地区，一年中差不多有三个月有雾。如重庆就是一个以雾多著称的城市，全年有雾日数平均为103天，从10月到次年2月，浓雾有时终日不散，甚至持续几天。大城市烟尘多，凝结核丰富，特别容易形成辐射雾，常称"都市雾"。

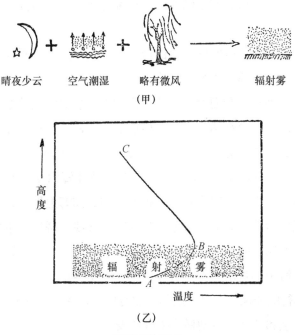

（图中线 *ABC* 为气温随高度的分布曲线，其中 *AB* 一段为逆温层，辐射雾便出现在逆温层内）

平流雾是空气因平流冷却达到过饱和而形成的。就是当暖湿的空气流经冷的海面或陆面时，因接触冷却达到过饱和而凝结成雾。只要有适宜的风向风速，这种雾昼夜都能出现，而且往往持续很久。如果无风或风向转变，暖湿空气来源中断，雾立刻消散。在一年里，平流雾一般是春夏多，秋冬少。

春、夏季节，我国沿海有一支寒流常由渤海流出，沿山东半岛南下，直达东海海滨。这支寒流的东面是北上的黑潮暖流。当吹东南风时，只要暖流上空的暖湿空气被带到寒流上空，低层的暖空气便很快冷却达到过饱和形成海雾。这种海雾就是一种平流雾，又浓又厚，水平范围达数百千米，厚度从几十米到几百米以上，可持续几天到十多天。这支寒流临近夏季时减弱北退，出现海雾最多的地区也随着季节变化逐渐北移。广东、福建沿海海面，2—3月海雾最多；东南沿海海面，3—5月海雾最多；黄海、渤海沿海海面，5—7月海雾最多。到8月以后，我国沿海海面海雾出现得就很少了。

蒸汽雾主要是冷空气积聚在较暖的水面上，从水面上蒸发出来的水汽使得冷空气达到过饱和，发生水汽凝结而成。例如在河湖地区，夜间冷空气吹到暖的水面上，就容易形成比较薄的蒸汽雾。上坡雾是潮湿的空气沿着山坡上升、冷却，达到过饱和而凝结成的。这种雾在我国青藏高原及云贵高原的东部常出现。

锋面雾常产生在冷暖空气交界的锋面附近。一般又以暖锋附近居多，锋前锋后都可能发生。锋前雾是由于锋面上空云层中的较暖雨滴落入地面冷空气内，使空气达到过饱和而凝结成的。锋后雾是暖湿空气移至原来被锋前冷空气占据过的地区，冷却达到过饱和而形成的。锋面雾通常随着锋面一起移动。雾区沿锋面呈带状分布，长度达数百千米，宽度为一两百千米。我国的锋面雾常常形成于梅雨季节的暖锋前后、华南静止锋活动的地区。

雾对航海、航空和作物生长都有很大影响。如海上航行，一旦遇上了浓密海雾，船只可能迷失方向，甚至发生触礁、搁浅、碰撞等事故。因此，在碰到海雾时，船舶要降低航速或抛锚待命，要鸣汽笛、打号钟、吹螺角，防止发生事故。海中的灯塔，在海雾发生时，要用雾炮、雾钟、号角、汽笛等信号，通知航行的船舶。此外，船舶在航行中，要密切注意天气冷热的变化，预测海雾的发生和消散，以便做出妥善的安排。

在长期多雾的地区，雾遮蔽了日光，妨碍了田里作物的呼吸作用和同化作用，碳水化合物的储量减少，作物变得衰弱。水果成熟的时候，遇上浓雾，果实表面会出现许多疵点，损害水果的品质。为了防御雾对农业的危害，一般采用种植防雾林的办法。过分潮湿多雾的地区，可加强排水，降低地下水位，减少雾的发生。

3. 云、雨、雪

（1）云的形态与特征

常见的云　天上的云彩，绚丽多姿，千变万化。

天上有云，说明空气中有充沛的水汽。当空气上升到一定高度时遇冷，水汽凝聚成无数的云滴（小水滴或小冰晶），便形成了千姿百态的云。云滴半径很小，只有约 0.002～0.015 毫米，最小的还不足 0.001 毫米，1 立方米的云里最多约有 10 亿个云滴。由于它们又小又轻，下降的速度很慢。在降落的过程中，随时又会被上升气流或乱流抬起，或者在来到地面以前就被蒸发掉了，所以，云滴便成群地悬浮在空中了。

人们平常看到的云，有的洁白，有的透明，有的乌黑，有的铅灰，也有的呈黄色或红色。这是因为云层的厚度不同，以及云层受阳光的照射，而显现出不同的颜色。从形成云的原因上看，大体可归纳为积状云、层状云，波状云三大类。积状云又叫对流云，包括淡积云、碎积云，浓积云和积雨云，它们像棉花团和山峰。层状云包括卷层云、高层云和雨层云，它们像幕布一样铺满天空，覆盖几百千米甚至上千千米的地区。波状云包括卷积云、高积云、层积云和层云，它们像一片片鱼鳞。

常见的云

云类	国际简写	云形	云色	伴随出现的天气	云种
卷云	Ci	丝条状、片状、羽毛状、钩状、砧状	白	晴	高云（云底离地面 6000 米以上）
卷层云	Cs	丝幕状，有晕	乳白	晴或多云，北方冬天可能下雪	
卷积云	Cc	细鳞片状，成行、成群排列整齐，像微风吹拂水面而成的小波纹	白	晴，有时阴雨、大风	
高层云	As	均匀成层，如帷幕	灰白或灰	阴，有时下小雨	中云（云底离地面 2500～6000 米）
高积云	Ac	云块较小，扁圆形、瓦块状、水波状排列	白或暗灰	晴，多云或阴	
层积云	Sc	云块较大，条状、片状或圆状，较松散；成群、成行或波状排列	灰白或深灰	晴，多云或阴，有时下小雨（小雪）	低云（云底离地面 2500 米以下）
层云	St	均匀成层，像雾，底不接地	鱼白	晴，有时下毛毛雨或米雪	
雨层云	Ns	低而漫无定形，如烟幕。云底常伴有碎雨云	暗灰	连续性雨雪	
积云	Cu	底平坦，顶凸起，如山峰	灰白，浓淡分明	晴，少云或多云	直展云
积雨云	Cb	比积云浓厚，庞大，像高山，顶模糊，底很阴暗	乌黑	多云或阴，有雷阵雨，伴有大风、雷电，有时产生冰雹、龙卷	

根据云的共有特点，按云底高度，又可把云分为四大组（叫四大云族），就是低云、中云、高云、直展云。

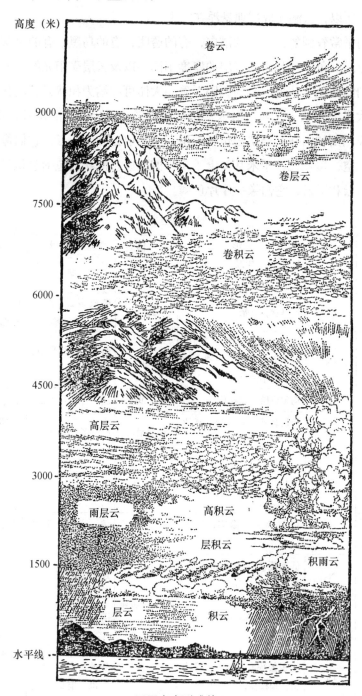

不同高度形成的云

低云包括层积云、层云、雨层云三类，多由水滴组成，云底高度通常在2500米以下。大部分低云都可能会下雨，雨层云还常有连续性雨、雪。

中云包括高层云、高积云两类，多由水滴、过冷水滴与冰晶混合组成。云底高度通常在2500～6000米。高层云常有雨、雪产生，但薄的高积云一般不会下雨。

高云包括卷云、卷层云、卷积云三类，全部由小冰晶组成，云底高度通常在6000米以上。高云一般不会下雨，但冬季，北方的卷层云、密卷云偶然会降雪。

直展云包括积云、积雨云两类，多由水滴、过冷水滴、冰晶混合组成，云底高度常在2500米以下。积雨云多下雷阵雨，有时伴有狂风、冰雹。

根据云的内部构造，还可把云分为冰云、水云和混合云三大类。冰云由小冰粒组成，水云由小水滴组成，混合云由小水滴或过冷水滴、小冰晶混合组成。此外，如按云内温度来分，又可把云分为暖云和冷云两种。在0℃以上的叫暖云，在0℃以下的叫冷云。

卷云

卷层云

卷积云

高层云

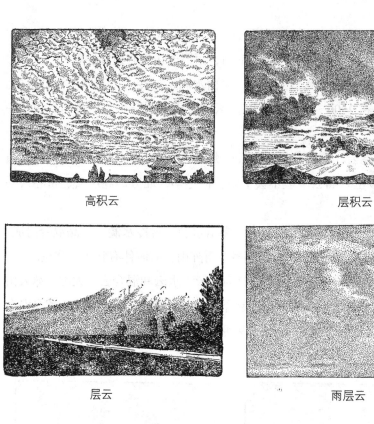

高积云

层积云

层云

雨层云

积云

积雨云

　　云的高低、厚薄、内部结构不同，因此，当太阳或月光照射时，常反映出不同的颜色。阳光照到高云，小冰粒反射出亮晶晶的光泽，整个云层显现银白的颜色。阳光射进中云，映出稍深的颜色，有的洁白，有的浅蓝，有的灰白。阳光照进低云，光不能全部透过，映出较深的颜色，如灰白、浅灰、深灰和灰黑色等，云愈厚，颜色愈阴暗。如云内有大雨点和冰雹，就会出现异常色彩。

云的内部构造

云类		云的内部构造	常见的云
冰云		薄片状和针状的小冰粒	卷积云、卷积云、卷层云
		较复杂的星状小冰粒	高积云、高层云，北方冬天的层积云
水云	小滴云	半径 0.003～0.005 毫米，最大不超过 0.02 毫米的小水珠	层积云、高积云、淡积云，很薄的层云
	大滴云	半径一般 0.01～0.05 毫米，最大可超过 0.1 毫米	浓积云、积雨云、雨层云
混合云		有星状小冰粒，大小不同的水珠和内层是冰粒，外层粘有水珠的复合冰粒	浓厚的积雨云和雨层云

有天气预兆的云　天上的云多彩多姿，又随着空气的运动瞬息万变，天气有时由阴变晴，有时由晴转阴，或降雨，或飞雪。各种云的生成、外形特征、云量的多少及其演变，反映了当时大气的运动、稳定程度和水汽状况，预示着未来天气的变化。根据各种云的形状、来向、移速、厚薄、颜色等的变化，结合当地当时的具体情况，全面分析云和天气的关系，就能判定一部分有天气预兆的云。

有天气预兆的云

云形	云类		云状及其特征	天气预兆
积状	卷云		毛卷云——云丝分散，纤维结构清晰，像乱丝、羽毛、马尾	雨
			密卷云——白色，云丝密集，聚合成片	晴
			钩卷云——白色，云丝平行排列，上端有小钩或小团，很像逗点符号	阴雨
			伪卷云——云体大而厚密，像铁砧或倒立的扫帚，由积雨云顶（冰晶部分）脱离主体后单独出现的	晴
	积云		淡积云——云体不大，轮廓清晰，底较平，顶凸起呈圆弧形，像馒头	晴
			浓积云——云体高大，轮廓清晰，底部同一高度，较暗，顶呈圆形重叠，像花椰菜	上午很早出现，下午会有雷雨
	积雨云		鬃积雨云——云浓而厚，庞大高耸，顶部有白色毛丝般纤维结构，并扩展成马鬃状、铁砧状，云底阴暗混乱	雷阵雨，伴有大风、雷电
			冰雹云——发展旺盛的积雨云，云底乌黑，很低，上部发黄发红，伴有雷闪	冰雹或较强的雷阵雨
			漏斗状积雨云——从发展旺盛的并伴有雷雨的积雨云底下伸，呈漏斗状的云柱	伸到地面或海洋，有龙卷

金传达文集 ● 星云万象

云形	云类	云状及其特征	天气预兆
波状	卷积云	卷积云——白色，细鱼鳞片状，成群、成行排列整齐，像微风吹拂水面而成的小波纹	晴，有时阴雨、大风
	高积云	透光高积云——云块薄而小，个体分离，排列成行，缝隙间露出青天	晴有时兆雨
		蔽光高积云——云块较厚，排列密集，无缝隙，较阴暗	阴雨，有时兆晴
		荚状高积云——白色，像梭子，像豆荚	晴，有时兆风雨
		絮状高积云——云块大小不一，边缘破碎，像棉絮，散开	雷雨
		堡状高积云——云块底部平坦，顶部多处突起成小云塔，像远处城堡	雷雨层积云
	层积云	透光层积云——云块较薄，大而柔和，个体明显，波状排列，灰白色，缝隙处可见青天	晴，有时兆阴雨
		蔽光层积云——云块较厚，暗灰色，密集成层，无缝隙，底部波状起伏	雨、雪
		积云性层积云——云块大小不一，长条状，灰白色或暗灰色，顶部具积云特征	晴，有时下小雨
		堡状层积云——云块顶部迭起，云底连在一条水平线上，像远处城堡	雷阵雨
层状	卷层云	薄幕卷层云——云幕薄而均匀，结构不明显，常有晕	阴雨、大风
		毛卷层云——云幕薄而不均匀，有毛丝状结构，常有晕，晕圈左右两侧偶有两个光点，称为"假日"	有时兆风雨
	高层云	透光高层云——云块较薄，厚度均匀，蓝灰色，日月轮廓模糊，好像隔层毛玻璃	连续性阴雨，或将有雨、雪
		蔽光高层云——云层布满天空，灰色，底呈条纹结构	雨、雪，有时兆晴
	雨层云	雨层云——低而漫无定形，云层很厚，暗灰色，底部常伴有碎雨云	连绵雨、雪
		碎雨云——云体低而破碎，灰色或暗灰色，形状多变，移动较快	雨、雪
	层云	层云——云体均匀成层、鱼白色，像雾，云底低但不接触地面	晴，有时下毛毛雨或米雪
		碎层云——云体支离破碎，由层云分裂或浓雾抬升而形成	上午消散，兆晴；不消散，天气转变。有时下毛毛雨，冬天偶尔降米雪

预兆晴天的云，通常是游丝云（密卷云）、伪卷云、馒头云（淡积云）、瓦块云（透光高积云）、豆荚云（荚状高积云）、透光层积云、积云性层积云、层云（很薄的）8 种。预兆雨天的云有扫帚云（毛卷云）、钩钩云（钩卷云）、鱼鳞天（卷积云）、蔽光高积云、蔽光层积云、薄幕卷层云、毛卷层云、透光高层云、蔽光高层云、灰布云（雨层云）、飞乱云（雨层云下的碎雨云）11 种。预兆雷雨的云有羊毛云（密卷云）、浓积云、鬃积雨云、卷积云、棉花云（絮状高积云）、炮台云（堡状高积云或堡状层积云）6 种。预兆冰雹的云是冰雹云（很大的积雨云）。预兆龙卷的云是龙尾巴云（漏斗状积雨云）。以上 25 种有天气预兆的云，都是从常见的云中细分出来的，其中多数在温暖季节里常见。

有天气预兆的云的演变规律，往往具有一定的连续性、季节性和地方性。当天空的云是按照卷云→卷云层→高层云→雨层云这样的次序从一方由远处连续移来，而且逐渐由少变多，由高变低，由薄变厚，就预兆很快会有阴雨天气到来。如果天空的云零星分散，没有明显的演变规律，和天空的边缘也无联系，这样的云，一般不会带来阴雨天气。

航空与云 航空与云的关系非常密切。云的形状、云量、高低、厚薄、内部结构及其变化趋势等，都对飞行有很大影响。

天上如果云高而薄，数量少，飞机可自由飞翔。要是云层低而厚，或满天乌云，飞行要受到限制，甚至发生偏航或迷航。有些云，飞机穿行不会发生危险；有些云，飞机穿行会引起颠簸或结冰，妨碍正常操纵，甚至有失事坠毁的危险。至于深厚的云层，就需要花费一些时间绕过它，对迅速完成任务不利。当飞机着陆时，遇上了很低的云层，不易对正跑道，给着陆造成困难。

对飞行有威胁的云，主要是积雨云和层状云、层云等。夏天中午前后，积云和浓积云旺盛发展，云里气流上升，云块之间气流下降，飞机在其底部和内部飞行时，发生颠簸。如果这时云中温度在 0℃以下，机翼还会结冰[1]。有时由于任务紧急，不得不穿越积雨云飞行时，可通过飞机上的雷达和目视寻找"柔和点"飞行，同时要顺着气流柔和操纵。当然最好的办法是躲过或绕过它。

---

[1] 在较厚的卷层云中飞行时也有中度以上的结冰，一般产生在 7000～8000 米的高度上。

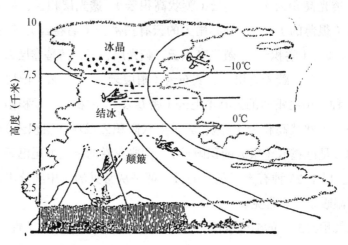

飞机在积雨云中飞行

在温暖季节里，在层状云的3000～4000米的高度上，有极强烈的结冰，因此，要在这个高度以下飞行才比较安全。最好是飞到6000～7000米处，那里温度虽低，但水汽很少，不会产生严重的结冰。在寒冷季节里，层状云很厚、又低，结冰高度也低，飞机不宜进入。

至于层云，一般只有几百米高，飞机不可在云底飞行。在温暖季节里，层云比较薄，温度一般在0℃以上，可在云顶上面飞行。冬季层云比较厚，温度低，容易发生结冰，最好停止飞行。

为了克服云对飞行带来的不利因素，航空气象部门要及时发布天气预报，以便确定安全航线。飞机在起落和飞行时，驾驶员要注意观察云的各种状况，做到避其害、取其利，及时、准确地完成任务。

（2）云怎样变成雨

"云是雨的仓库""天上无云不下雨""雨来云领头"，一句话，有云才能降雨。但是，有时天上有云，甚至阴云密布，可就是不下雨，这究竟是怎么回事呢？我们已经知道，云是由很多微小的水滴和冰晶组成的。只有当云滴增大到本身的重量足以克服空气的阻力和上升气流的抬举，并且不被蒸发掉的情况下，才能落下来成为雨。通常，云滴半径约为0.002～0.015毫米，当它长大10～20倍后，降毛毛雨；长大60～100倍后，降普通的小雨；长大

200 倍后则降大雨。如果要形成冰雹降落，则要长大 1000 多倍！可见，由云滴变成雨、雪花、冰雹等，都是有一定条件的。

雨滴和冰雹的半径（毫米）

毛毛雨	雨滴半径 0.05～0.25
普通的小雨	雨滴半径 0.3～2.0
夏天的阵雨	雨滴半径 1.5～3.5
冰雹	雹子半径 1.0～50

那么，云滴又是怎样变大的呢？据研究，云的性质不同，云滴合并增大的过程也不同。在暖云里，温度在 0℃以上，云中完全是水滴，没有小冰晶。水滴在重力作用下下沉。大水滴沉降快,小水滴沉降慢[1]。大水滴在降落过程中，一路上赶上许多小水滴并"吃"进它们，越吃越大，越大下沉得越快，因而又和更多的小水滴碰撞合并，这样继续下去，就像滚雪球一样越滚越大，最后降落地面形成雨。暖云下雨，要求云厚起码要在两三千米以上，云中大水滴才有机会碰到许多小水滴变大而形成降雨。

事实上，有些暖性薄云（不到一两千米厚）也可形成降雨。这种降雨，主要是由于云中水滴受气流起伏变化的影响，逐渐合并变大而形成的。当大大小小的云滴被上升气流往上冲的时候，大云滴惯性大、上升慢，小云滴惯性小、上升快，小云滴就会追上大云滴而发生碰撞，被大云滴吞并掉。大云滴长大到上升气流托不住时，就掉下来形成降雨。但这时也可能碰到一股更强的上升气流，又把它们托了上去。由于气流忽大忽小，起伏不停，

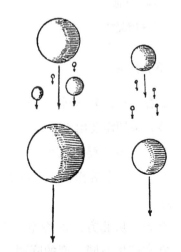

大水滴在下降途中吃进小水滴变得更大

云滴就上上下下翻转多次，沿途"吃"掉更多的小云滴，越长越大而下降成雨。在我国，大部分地区都是这种暖云降雨。

---

[1] 例如半径为 0.1 毫米的水滴等速降落时，速度为 72 厘米／秒，而半径为 1 毫米的水滴则为 649 厘米／秒，两者相差近 10 倍。

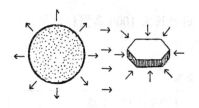

(a) 过冷水滴不断蒸发，冰晶不断凝华

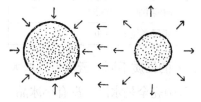

(b) 小水滴不断蒸发，大水滴不断凝结

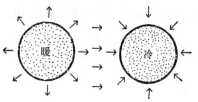

(c) 暖水滴不断蒸发，冷水滴不断凝结

云滴因凝结凝华而增大

在冷云里，温度低于0℃，云滴一般是由过冷水滴和冰晶组成的。由于过冷水滴、冰晶和大小冷暖水滴达到饱和状态所需的水汽量不同，当它们相处在一起时，同样多的水汽，对冰晶、大水滴、较冷水滴来说已经过饱和了，而过冷水滴、小水滴、较暖水滴则还没有饱和。于是，过冷水滴、小水滴、较暖水滴不断蒸发，逐渐缩小以至消失，而冰晶、大水滴、较冷水滴则因水汽不断凝华或凝结而增大，当它们增大到可以克服空气阻力和上升气流抬举时，就向地面降落。在降落过程中，又和下面暖层云中的水滴发生碰撞增大，于是形成较大的降水。大雪或大雨一般都是这样形成的。

（3）春雨

立春一过，天气回暖，春雨渐渐多起来了。春天正是春耕春播和小苗生长季节，迫切需要雨水。所以，入春以后，一场春雨，格外珍贵，它使刚播下的种子，就像婴孩获得奶汁一样得到滋养，它给冬小麦返青、拔节、分蘖，水稻、玉米等作物的发育生长带来好处。因此，我国有"春雨贵如油"的说法。

春天，从北方来的冷空气和南方来的暖空气在我国大陆上空徘徊激荡，常常产生不同程度的降雨。这时，冷暖空气交锋之处多在长江到南岭之间，所以这些地方春雨尤多，"清明时节雨纷纷"，便成了江南春天的特色。"春雨连绵，细雨霏霏"，不大不急，土壤容易吸收，对农业生产很有利。

但是，如果春天冷暖空气在江南一带交锋徘徊的时间过长，春雨下得太大、太久，温度回升慢，空气过于潮湿，地面积水时间过长，土壤中氧气减少，也影响庄稼生长，还会发生烂种、烂芽现象。华北地区在干冷空气的控制之下，春雨少，容易发生春旱。这时华北地区必须进行灌溉，采取各种农业技术措施，加强抗旱保墒工作。而江南地区，要抢晴播种、管好麦田，培育壮秧，设法抵御低温连阴雨天气。

（4）初夏的梅雨

每逢春末夏初，我国江淮流域一带便进入"黄梅时节"了。"黄梅时节家家雨""黄梅时节半阴晴"，这时节的天气，差不多总是云层密布，阴雨连绵，三天两头下雨，偶尔还夹有暴雨、阵雨和雷暴，雨期持续一个月之久。谚语说"雨打黄梅头，四十五天无日头"。这种连阴雨天气，刚巧出现在江南梅子黄熟的季节，所以称为"梅雨"。

梅雨主要是冷、暖空气矛盾激化的结果。每年初夏，南方海洋上来的暖湿空气向北伸展到长江中下游一带。这时北方的干冷空气仍有雄厚的力量，它还没有撤出这里。这两种空气差不多势均力敌，一经接触，就"顶撞"起来。轻的暖空气就沿着重的冷空气斜坡向上滑升，在滑到一定高度后，暖空气逐渐变冷，空气中的水汽逐渐达到饱和或过饱和，多余的水汽不断地发生凝结，于是形成浓厚的云层和连续降雨。

来自南方的暖湿空气有时强、有时弱，梅雨也有时大、有时小。暖空气微弱时，几乎没有什么滑升运动，天上没有厚云，蒙蒙细雨，有时甚至可见蓝天，显露阳光。暖空气强盛时，它沿着冷空气斜坡剧烈滑升，往往形成宝塔样的浓黑云层，下阵雨或暴雨，甚至发生雷鸣闪电。随着时间的推移、气温的升高，暖空气的势力进一步增强，最后终于把冷空气赶到江淮流域以北去，雨带随着移到华北一带，江淮流域的梅雨天气便告结束，接着就是酷暑盛夏了。

梅雨区域是一个近东西向分布的狭长雨带，宽度一般两三百千米。梅雨开始的时间，叫"入梅"，结束的时间，叫"出梅"。我国江淮流域一带，大致每年6月10日前后入梅，7月10日前后出梅，历时一个月左右，但是，由于每年冷、暖空气的进退有迟有早，势力有强有弱，梅雨来去的迟早、梅雨期的长短、总雨量的大小等，都有很大变化。据历年来的统计，入梅早迟相差40天，出梅早迟相差45天，有些年份梅雨期可达60天，而有些年份则不出现梅雨，称为空梅。如1958年，南方暖湿空气在入夏后势力很强，它迅速地把冷空气推往华北，雨带没有在江淮流域出现，这一年就出现了空梅。但在 1959 年，暖湿空气在入夏后势力不强，它没有足够力量把冷空气推向北方，冷、暖空气在江淮流域一带"累战不休"，雨期持续 50 天之久，总降雨量超过常年的 2 倍。

梅雨季节，雨水丰盛，温度又高，适于农作物特别是水稻的生长。但梅雨季节的早迟、长短及其雨量的多少，又会对农业生产产生很大影响。如 1961、1971 年梅雨天气出现过早，连绵阴雨对麦收造成危害；1968、1969 年梅雨天气出现过迟，影响夏种和田间管理。梅雨期太长、太短，还会造成水旱灾害。所以，在梅雨季节，既要注意疏通沟渠，以利排水，又要注意保蓄水源，预防干旱。此外，梅雨季节天气湿热，害虫容易繁殖，要注意及时预防和消灭。这时一般的物品也易霉烂变质，无论是仓库、商店或家庭，都要做好防霉工作。

（5）雷雨

夏天，我国各地常出现雷电交加、暴雨骤雨的天气。这种天气现象就是人们常说的雷雨。在我国，雷雨南方多于北方、山地多于平原。据统计，广东南部雷雨最多，雷雨日数每年有八九十天以上，海南岛及其附近地区更达 100 天以上。而华北、东北、西北等地，雷雨日数平均每年不过 20 天。雷雨一般出现在春末到晚秋时节，特别是夏季的 6 月、7 月和 8 月三个月。

雷雨的成因 夏天的早晨，天气大多晴朗，微风或无风，相对湿度大，空气闷热。大约过了 9 时以后，随着对流运动的发展，上升气流达到凝结高度，先形成一朵朵馒头状的淡积云，后发展成顶部形如花椰菜状的高大云块，这就是浓积云。到 14 时前后，气温最高，天气异常闷热，对流运动更强烈，云块迅速并合，浓积云发展成像山岳状的积雨云，天色十分阴暗。倏然间狂风骤起，电闪雷鸣，大雨倾盆，有时还降下冰雹。大约经过几分钟或几十分钟到一两个小时以后，天空便乌云消散，又露出一片蓝天。

产生雷雨的积雨云，其底部距地面约 1000 米，顶部可伸展到七八千米，甚至一万多米的高空，温度常常低于 $-40 \sim -30$℃。因此云体的中上部多为低于 0℃ 的冰晶和过冷水滴，下部多为高于 0℃ 的水滴组成。当云顶冰晶增多时，原来清晰的圆弧形顶部变得平滑起来，产生丝缕结构，并向云体前进的方向伸展出去，这时云的整体很像一个顶部平衍的铁砧。这种积雨云又称为雷雨云。

雷雨云里，空气动荡不定、上下翻腾。云的上部低于 0℃ 的云滴互相碰撞，并在冰晶面上冻结，冰晶变大。当冰晶增大到上升气流支托不住时，就降到云的下部又融化成大水滴。大水滴再与其他小水滴碰并增大、变多，落到地面成为雨。但有时大水滴又随气流上升到云顶附近冻结成小冰珠，小冰珠又随气流升降，来回反复，合并增大，落到地面便是冰雹。

由于雷雨云里气流翻腾得很厉害，低于 0℃ 的水滴、冰晶或霰粒（俗称雹子）之间便发生激烈的碰撞、摩擦，破裂分离，产生了电——正电和负电，这样，就在云的不同部位积聚着不同的电荷，产生了电位差。当电位差大到一定程度时，便发生激烈的放电现象，出现电闪雷鸣。闪电最频繁的地方，就是雷雨最强烈的部分。如果看见的闪电是垂直闪动，我们正是在雷雨云前进方向上，将会遇到很猛烈的雷雨。如果看见的闪电是水平闪动，我们就在雷雨的旁侧。

雷雨的种类　由于推动湿热空气上升的原因不同，雷雨可分为热雷雨、地形雷雨和锋面雷雨三种。热雷雨是夏天最常见的一种雷雨，是地面受到太阳光的强烈照射，产生大量暖湿空气急剧上升形成的。这种雷雨历时短，降水强度大，影响范围一般从几千米到几百千米，有时范围更小，所以有"夏雨隔牛背"的说法。地形雷雨是暖湿空气经过山坡时被迫滑升形成的，以山地丘陵地区出现较多。锋面雷雨主要是由于冷空气（有时是暖空气）侵入形成的。这种雷雨可发生在锋前或锋后，而且昼夜都出现，以午后最强烈。热雷雨和地形雷雨属于地方性雷雨，发生的范围窄、雨量小。锋面雷雨属于系统性雷雨，发生的范围广、雨量大。我国夏季降水有相当一部分是来自雷雨。

雷雨的强度如果很大，往往会造成山洪、内涝、雷击等灾害。猛烈的雷雨常伴有 7~8 级阵风，甚至 9~10 级以上的狂风，有时还会带来冰雹和龙卷，造成一定的灾害，必须注意预防。但是，雷雨却给庄稼和土地带来甘霖，有利于作物生长。多次雷雨充实河流水量，利于灌溉、航行和发电。同时，闪电瞬间所造成的高温高压，能使空气中的氮转化成植物所需要的硝酸态氮肥和氨态氮肥。如几十千米长的一次闪电，所造成的氮肥可达 1000~2000千克。这种氮肥随雨水降落，既能被作物的根部吸收，又能由作物的叶子直接加以利用。

（6）秋雨

秋季，在我国江淮流域一带，从白露到寒露节气这一个月里，冷、暖空气有时又在这里互相激荡，出现连绵阴雨天气，这就是和梅雨性质相类似的"白露雨"，又称"秋雨"。这种阴雨天气，有时持续十多天，所以，谚语说"白露难得十日晴"。不过，白露雨也不一定都在白露节发生，特别是在长江以南的一些地区，常在寒露过后十多天才开始降白露雨。

白露雨一般雨量适中，对农作物的生长发育有好处。如秋季播种的作物，主要是靠它来湿润、灌溉。但是，在四川盆地一带，山岭重叠，暖湿空气常因地形阻碍，停滞时间较长，一旦和南下冷空气相遇，往往久雨不晴，影响晚秋作物的成熟，大秋作物的收割、晾晒，冬季作物的播种，甚至造成"泛秋"，因此又称这种雨为"滥白露"，必须注意预防。

（7）冬雪

雪珠和雪花 冬天下大雪以前，常常降下一种白色不透明的雪珠，俗称"雪子"。这些雪珠，有大有小。大的称为霰，小的称为米雪。

霰和米雪都是过冷水滴与冰晶或雪花合并而成的。只因它们形成的条件稍有差异，所以形状和大小不一样。霰，一般产生在比较厚的不稳定的积状云中，主要靠云中乱流和升降气流的作用，使冰晶与过冷水滴碰撞，反复地冻结变大而形成的。也就是过冷水滴在冰晶上很快冻结，并仍保持着水滴的形状，于是冰晶上便凝聚了许多半径仅有 0.03 毫米左右的微小冰粒。这些小冰粒之间，小冰粒与冰晶之间，往往混杂着空气，因而整个冰晶体变成了乳白色的疏松小冰团，这就是霰。霰的形状是上端大、下端小，呈圆锥形，直径一般为 2~5 毫米。

米雪，一般形成在较稳定的层状云中或雾中，主要是由于重力的作用，冰晶在云层中飘浮不住时，降落下来又与下面的湿空气发生凝结变大而形成的。米雪多数是无定形或扁长形，直径一般小于 1 毫米。

雪花的形成 通常在冷、暖空气相遇造成下雪

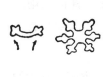

甲　　乙

霰和米雪的形成过程

之前，空气中水汽还未达到过饱和时，少部分水汽遇冷先结成冰晶，就下霰和米雪。当冷空气已占据了主要空间，也就是说除冰晶外，水汽已达到冷却过饱和，并附着在冰晶面上凝华，即形成雪花落下。

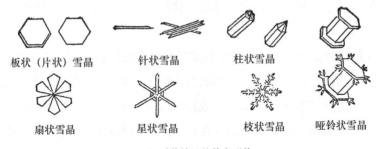

板状（片状）雪晶　　针状雪晶　　柱状雪晶　　哑铃状雪晶

扇状雪晶　　星状雪晶　　枝状雪晶　　哑铃状雪晶

(a) 雪花结晶的基本形状

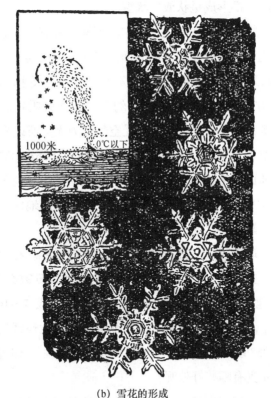

1000米　　0℃以下

(b) 雪花的形成

雪花的形状（a）及形成（b）

　　雪花是一种很好看的结晶体，又叫雪晶。若雪晶在飘落过程中成团地攀联在一起，就形成雪片。早在公元前 2 世纪后期，人们就已经注意到雪花的结晶形态，有"草木之花多五出，独雪花六出"的说法。单个雪的大小，通常在 0.05～4.6 毫米之间，在 1 立方米的新雪中约有 60～80 亿个雪花。雪花很轻，单个的重量只有 0.0001～0.0003 克，一般"鹅毛大雪"的雪片重 0.2～0.5 克。不论雪花怎样轻小，怎样奇妙万千，它的结晶都是有规律的六角形，其基本形状为板状、针状、柱状、扇状、星状、枝状和哑铃状等几种。

雪花的形状多种多样，这与它形成时的水汽条件有密切关系。我们知道，雪花是在冰晶的基础上由水汽凝华而长大的。如果云中水汽不太丰富，只有冰晶的面上达到过饱和，凝华增长成柱状或针状雪晶。如果水汽稍多，冰晶边上也达到过饱和，凝华增长成为片状雪晶。如果云中水汽非常丰富，冰晶的面上、边上、角上都达到过饱和，其尖角突出，得到水汽最充分，凝华增长得最快，因此大都形成星状或枝状雪晶。

冰晶在变成雪花以前，总是在云中不停地翻转着，而它周围的水汽条件也在不断地变化着，这就使得冰晶表面的凝华作用时而集中在面上，时而集中在边上，时而又集中在尖角上，于是冰晶的成长发展也时而沿着这个方向，时而沿着那个方向，结果就形成了变幻多姿的各种雪花。由于雪花的"枝杈"之间空隙多，形体大，密度小，受空气阻力大，所以降落时轻飘飞舞。

雪花从高空飘落下来，若沿途经过的气温始终都在 0℃ 以下，它就以雪花的形态落到地面；若落入温度高于 0℃ 的气层，雪花就融为雨滴落下。有时雪花落入 0℃ 以上的气层还未及全部融完就已落到地面，这就成了半融状态的湿雪或雨夹雪。

雪与农业 瑞雪纷飞，把大地铺成一片银白世界。在我国，越往北，降雪的机会越多。据统计，东北和新疆北部全年降雪日数在 30 天以上，西北和黄河中下游地区在 10 天左右，长江中下游地区仅 5～10 天，过了南岭，霜雪就很少见了。地面积雪日数和积雪深度也是东北地区最多、最深，往南渐减，到北纬 25° 以南的地区终年不见积雪。古语说："瑞雪兆丰年。"那么，雪对农业生产究竟有哪些好处呢？

一是保暖。像棉絮那样，雪花之间有许多空隙（新雪有 60%～80% 的空隙），其间有大量空气，而空气又是不善传热的。这样，地面有了积雪，一是减少土壤热量的外传，二是阻挡寒气的侵入，提高了地温。据观测，当积雪 2～5 厘米时，小麦分蘖处的土壤温度要比雪面上高 2～3℃，雪深为 6～10 厘米时要高 3～5℃。这就是说，积雪能保护越冬作物和果树，减小土壤冻结的深度，使春天解冻时间提早，有利于春耕。

二是防旱。积雪不但能减少土壤水分的蒸发，而且融化时又供给土壤水分，这对防止春旱是很重要的。昆仑山、天山、祁连山等高山上的冰川积雪，是新疆和甘肃河西走廊等地的主要灌溉水源。我国劳动人民和科学工作者通过反复试验，把炭黑、煤粉、黄土、草木灰等黑化物质撒在积雪上，加速积雪融化，增加灌溉水源。

三是肥田。积雪和空气的接触面大，从空气中吸附大量的氨、硫化氢、二氧化碳、二氧化硫等浮游气体，变成氮化物。当雪融化时，这些氮化物随着雪水一道渗入土中，如同给土壤施肥。据测定，一升雪水中含氮化物 7.5 毫克，相当于雨水含氮量的 5 倍。同时积雪下面土壤温度较高，有利于土壤中微生物的活动，土中的"死"肥料经过这些"厨师"的"烹饪"，就转化成有效养分，再加上枯枝落叶的腐烂，这就为作物备下了较多的养分。

四是除害虫。积雪阻塞了地表空气的流通，闷死一部分害虫。融雪时要耗去不少热量，土壤温度降低，可把土壤表面及作物根部一些害虫和虫卵冻死。由于作物和害虫的抗寒力不一样，这样的低温并不危害庄稼。雪下得越早，杀虫力越强。

五是增产。我国古代就有利用雪水浸种、拌种获得丰产的记载。据研究，这是因为雪水含重水少的缘故[1]。有人试验，雪水浸种可提高发芽率 40%，温室黄瓜用雪水浇灌能增产 210%。牲畜和家禽饮雪水，生长快，体质健壮，母鸡下蛋的数目增加一倍。

事物都是一分为二的。雪也带来一些危害，必须注意防范。如早春过后，天气转暖，土壤开始解冻，正是许多作物播种、出苗和越冬作物返青拔节的时候，这时若突然下了大雪，会引起冻害。农谚说"腊雪是宝，春雪不好"，指的就是这种情况。再如雪大，积雪厚，会出现雪折、雪倒和雪压现象，即林木的枝干被压弯、折断，或整棵树齐根被压倒[2]。此外，大风雪还对牧场、交通等造成一定危害，都必须积极采取措施，做好预防工作。把抗雪力强的树木（阔叶树）和抗雪力弱的（针叶树）混交种植，可减轻雪害。初冬时节修剪桃、梨、苹果、葡萄等果树上的细弱枝条，把幼小果树用木桩支撑起来，

---

[1] 普通水每 7 千克含有 1 克重水，雪水只及此 3/4。重水抑制植物生长。
[2] 树木的雪害，一般说来，阔叶树比针叶树轻，混交林比单一林轻，矮木林比乔木林轻。

都可以预防雪害。

（8）我国降水的分布

我国年降水量的分布，从沿海到内陆、从南到北逐渐减少。东部湿润，年降水量在 500 毫米以上。秦岭、淮河、白龙江一线以南，年降水量超过 750 毫米，长江流域约 1000～1500 毫米，东南沿海约 1500～2000 毫米。西部除天山和祁连山部分山区年降水量较多外，其余地区都在 500 毫米以下，比较干旱。

山地、丘陵地区，特别是高山的迎风坡，往往是多雨地区。例如我国台湾高山区，年降水量达 3000～4000 毫米，台北的火烧寮（海拔 420 米）平均年降雨量 6489 毫米，最多年份（1912 年）多达 8408 毫米，是我国雨量最多的地方。与山地相反，盆地、河谷往往是降雨较少的地区，如塔里木盆地、柴达木盆地都是我国少雨的地区。塔里木盆地东南缘的若羌，平均年降雨量仅 10.9 毫米，它西南面的且末，年平均降雨量只有 9.2 毫米，有的年份甚至滴雨不下，可算是我国雨量最少的地方。

我国降水量的季节分配不均匀。南岭以南的大部分地区，整个夏半年（5—10 月）多雨。南岭以北，秦岭、淮河以南的长江中下游地区，全年多雨的月份是 4—6 月，7—8 月降水量反而减少。云贵高原的中部和西部、青藏高原南部地区，6—9 月为降雨最多的月份。秦岭、淮河以北的广大地区，全年降水量高度集中在 7—8 月份。例如，北京地区 6—8 月的降水量占全年降水量的 75%。夏季，我国大部分地区不仅降水多，降水强度也大，如台湾的阿里山日降水量最多曾达 1164 毫米。1963 年 8 月，华北平原的一次特大暴雨过程中，河北临城县的灰山日降水量达到 642 毫米，相当于历年年平均降水量。

4. 气压和风

（1）气压的变化

大气有重量，对地面就有压力。大气作用于地面单位面积上的力叫作"大气压强"，简称"气压"。说明气压的实例很多，比如，将一个盛满了水的茶杯，用纸密盖杯口，急速将杯口倒转向下，杯里的水不会立即倒出来。这就是大气给予纸的压力，把杯内的水托住了。汲水机、水车等机器就是利用空气压力原理做成的。

空气托住了纸和杯子里的水

气压的变化，人们很早就知道了。1642年，意大利人托里拆利用一根1米长的玻璃管，一端封闭，里面装满水银，然后用大拇指按住管口，倒立在水银槽中。当手指放开以后，管里的水银下降了，但降到760毫米的地方就不再下降。这就是大气压力支持了水银柱的缘故。后来，人们根据这个原理，做出了各式各样的气压表。通过对气压表的观测，就可以知道气压高低的变化。

地球上各处的气压不同。从地面向上，越往高空，空气越稀薄，气压越低。反之，越往低处，空气越稠密，气压越高。所以，气压随地势增高而递减。气压高低与空气中水汽的多少关系密切。当空气中水汽含量较多的时候，较轻的水汽顶替了较重的一部分干空气，气压就低些。反之，水汽少时，气压就高些。气压还随着气温的升高而降低。在气温较高的地区，空气膨胀上升，并向四周流散，这样大气层的空气减少了，密度变小，气压降低。在气温较低的地区，空气收缩下沉，密度加大，四周的空气必然流来补充这个空缺，这样大气层的空气就增多，气压也随着升高。一般说来，气温不同是气压变化的主要原因。

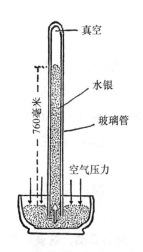

玻璃管中的水银落到760毫米的地方不再下落了

真空
水银
玻璃管
空气压力
760毫米

气压随高度的增加而递减

高度（千米）	0	10	20	30	50	80	100	200	300
气压（百帕）	1000	260	55	12	1.3	0.03	0.004	0.0000009	0.0000000009

注：1百帕约等于0.75毫米水银柱高。

不同高度的空气压力

在一天中，由于气温的变化，白天，上午气压高，下午气压低；夜晚，上半夜气压高，下半夜气压低。在一年中，四季气温不同，气压也随着变化。大陆上，气压的最小值见于夏季，最大值见于冬季。海洋与此相反，即夏季气压高，冬季气压低。这是因为，夏季海洋上的气温低于陆地，空气密度大，所以气压高。冬季则相反。

天气的变化，对气压影响也很大。当冷空气或暖空气侵入时，气压有显著的升高或下降，一般阴雨天，气压的变化比晴天大，因此气压的变化也是天气变化的征兆。

（2）刮风的秘密

每人都有这样的经验，当举起手掌，用嘴吹口气时，手就感到有风。这说明风是空气流动时产生的。空气流动有上下左右的区别，上下流动的叫垂直运动，左右流动的叫水平流动。在气象学上，空气垂直运动叫作对流，空气的水平流动才称为风。

形成风的直接原因，是地面上气温分布不均匀，引起气压分布也不均匀，即有的地方气压高，有的地方气压低，于是空气就从气压高的地方流向气压低的地方，而且只要气压差异存在，空气就一直向前流动，这就产生了风。气压差异的大小用气压梯度来表示。气压梯度的大小就等于单位距离上的气压差。它的方向是垂直于等压线，从高压指向低压。等压线密集，说明单位距离上气压差大，也就是气压梯度大，空气水平流动快，风就刮得起劲。

空气沿着气压梯度的方向流动，受地球自转和地面摩擦作用的影响，不是直接从高压区流向低压区，北半球是向右偏，南半球是向左偏。偏离的角度随纬度的增高、风速的加大和地面摩擦作用的减弱而增大。

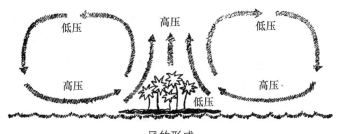

风的形成

风包括风向和风速。风向是指风吹来的方向，例如，北风就是从北方吹来的，南风就是从南方吹来的，其余类推。风向一般用 16 个方位表示，也可用角度表示，如东（E）、南（S）、西（W）、北（N）四个方位，分别标以 90°、180°、270°、0°（即 360°）。为了表示某方向风出现的多少，通常用风向频率这个量，它是一年（月）内某方向风出现的次数和各向风出现总次数的百分比。频率越大，表示该方

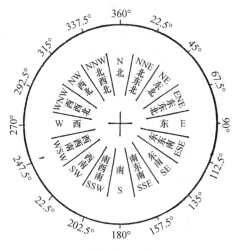

风向十六方位

向风出现的次数越多。我国华北、长江流域、华南及沿海地区，冬季多刮偏北风（北风、东北风、西北风），夏季多刮偏南风（南风、东南风、西南风）。

风速是指风前进的速度。相邻两地间的气压差越大，空气流动越快，风速越大，风的力量自然也就大。所以通常都是以风力来表示风的大小。风速的单位用每秒多少米或每小时多少千米来表示。发布天气预报时大都用风力等级，它是以地面物标的征象来表示风速大小的。风速有平均风速和瞬时风速两种。气象观测记录的风速大都是 1～2 分钟内的平均风速。所谓阵风、最大风速等，都是指瞬时风速。在我国，风速一般是冬季大于夏季，沿海大于内陆，平原、湖泽大于山地丘陵。许多国民经济部门，都需要了解有关风的资料。例如，在设计建筑物的抗风能力时，要了解当地的平均风速、最大风速等。航运、护堤、矿井通风、城市规划、营造防护林等，也要考虑风向和风速的变化。

三、风云可测

只知道风向风速是不够的，还要知道风压。风吹到任何物体上都有压力。单位面积上物体所承受的风的冲击力叫作风压。风压的大小在很大程度上取决于风速的大小。一般离地面愈高，风速愈大，承受的风压也越大。此外，风压还和空气密度有关。如果风速不变，空气密度愈大，产生的风压就愈大。

风，通常没有固定的方向和速度。据观测，大约离地面 200 米以上，风速几乎不变（高山地区除外），呈稳定状态。200 米以内，尤其是近地面层，由于空气乱流及丘陵、建筑物、森林等的影响，风速时大时小，风向有时也很乱。这种风吹在人身上，有一阵阵的感觉，这就是风的阵发性，又称阵风。

阵风的风速一般要比平均风速大 50% 或更高。地表愈粗糙，阵风风速超过平均风速的百分率愈大。一次阵风到达最大速度后，过 1～2 秒钟，风速就小到不到平均风速的一半，然后又出现另一次最大风速。一般 6 级以下的风，不会引起大的危害，6 级或 6 级以上的风多阵风，有一定危害。气象广播经常报告阵风 6～7 级或 7～8 级等，是表示在有风的过程中，阵风可能达到的最大级数。

（3）地球上的风带

包围地球的大气经常地在运动着，有的运动规模较大，稳定运行的时间较长，有的运动规模较小，稳定运行的时间较短。在广大地区内相当稳定的气流运行状况就叫作大气环流。

大气环流主要是由于太阳辐射热量随纬度分布不均匀而引起的。我们知道，赤道地区经常受到太阳光的直射，得到的热量多，空气变轻上升，形成赤道低气压带。气流上升到高空，又分向南北流动，到了纬度 30° 附近，空气聚集下沉，形成了副热带高气压带。下沉的空气又沿低空分向南北流动。跟赤道地区相反，极地附近因为阳光照射弱，地面和近地面气层温度低，空气下沉聚集，形成了极地高气压带。冷空气从极地高气压带向南（北）流动，到达纬度 60° 附近，跟从副热带高气压带流来

地球上的风带

的暖空气相遇，辐合上升，形成副极地低气压带。这样，地球上就形成了四个气压带，即赤道低压带、副热带高压带、副极地低压带、极地高压带。

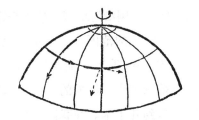

表示空气从北向南或从西向东流动时，不断朝右偏转

气流从高压带流向低压带，本来应该是向北或向南流动。但由于受地球偏向力的作用，大气流动的方向偏离了正南正北方向。在北半球，往北流动的空气，流动方向一路逐渐向东偏离，风向不断改变：最初往北刮南风，继而往东北刮西南风，最后则完全往东刮西风了。在南半球，往北流动的气流的方向恰巧相反，出发地刮南风，继而转为东南风，最后为东风。往南流的空气，北半球为偏东风，南半球为偏西风。地球上各气压带之间的风带便是这样形成的。它们是极地东风带、盛行西风带、信风带[①]和赤道无风带。在一年里，它们随着季节变化而南北移动，当北半球为夏季时，风带稍向北移动，到南半球为夏季时，风带又稍向南移动。这些风带在海洋上表现得极为明显。在大陆上和海洋与陆地交界的地方，由于地势有高有低，海陆性质不同；常常产生一些地方性的风，使风带表现得不明显。

（4）海陆轻风

在沿海地带，白天，风从海上吹向陆地，这种风叫海风；夜里，风从陆地吹向海上，这种风叫陆风。海风和陆风都比较清和，范围也不大，所以把二者合起来称为海陆轻风。海陆轻风是因海面和陆面的气温不同而形成的。

我们已知道，白天，海面上气温比陆地上低，气压高，这样海面上的冷空气便流向陆地，就形成海风。夜晚，情况完全相反。这时陆地气温比海面低，气压高，冷空气就从陆地流向海面，这就是陆风。

一般海风比陆风强。海风最大风速可达5～6米/秒，陆风一般只有1～2米/秒。滨海一带温差大，海陆风强度也大，随着远离海岸，海陆风逐

[①] 信风的风向稳定少变，特别是在海上表现最为稳定，好像很守信用。在帆船航行的时代，远洋的贸易船只就主要靠它进行，所以又有贸易风之称。

渐减弱。我国沿海地带，特别是青岛，夏半年海陆风很突出。

海陆风的范围小。以水平范围来说，海风深入陆地约十几千米，最多不过 50～60 千米；陆风侵入海上最远 20～30 千米，近的只有几千米。以垂直范围来说，最强的海风，厚度一般为 50～60 米，最强的陆风厚度则只有几米到几十米。在我国台湾，海风厚度较大，约为 560～700 米，陆风为250～340 米。

海风　　　　　　　　　　　　陆风

海陆风昼夜交替的时间大致是这样：一般 10 时后海风开始，14 时左右海风最盛，到 20 时以后，海风逐渐减弱并转为陆风。如果是阴天，海风出现。时间要延迟，有时会迟至 12 时左右才开始。海风上陆带来水汽，使陆地上湿度增大，温度明显降低，甚至形成低云和雾。夏季沿海地区比内陆凉爽，冬季比内陆温和，这和海风有关，所以海风可以调节沿海地区的气候。

类似海陆风性质的风，在湖泊和江河沿岸也有，分别给以"湖风""江风"之类的名称。

（5）冬夏季风

大陆和海洋之间，一年中由于气温的差异造成了气压的差异，因此就形成了类似海陆风性质的大规模的风，即夏季，风从海洋吹向大陆，冬季则从大陆吹向海洋。这种方向相反以一年为周期的风，就叫作季风。我国位于亚欧大陆的东南部，东南面临辽阔的太平洋，西南距印度洋也不远，季风非常明显。

季风有夏季风和冬季风。我国的夏季风有来自热带太平洋的东南季风和来自赤道附近印度洋的西南季风。这两种季风，都从海洋上带来丰富的水汽，是我国大部分地区雨泽的来源。我国东部雨带的推移，常常同夏季风的进退息息相关，特别是东南季风，影响的范围遍及我国东半壁。大约 4 月份，华南沿海南风逐渐盛行，表示夏季风已经到来，但是北方冷空气势力还大，所以夏季风徘徊在南岭一带达一个多月之久。5—6月推进到长江流域，7—8月移到华北、东北，最盛时期可吹到黑龙江边和阴山以北。这时我国东半部都在夏季风控制下，熏风习习。夏季风由华南进展到阴山以北，共历时3个月左右。8月下旬，北国转寒，朔风陡紧，冷空气开始南下，只需1个月光景，冬季风便直抵江南，使这些地区进入天高、云淡、气爽的秋季。这时只有华南和西南尚有夏季风的残余。西南的秋雨就是由此而形成的。华南此时正当台风季节，雨量也较多。西南季风主要影响西南各省，势力最盛时向东可伸展到华南一带，范围远不及东南季风大。

我国的冬季风来自西伯利亚或北冰洋，全国除青藏高原和云贵高原外，都受冬季风影响。冬季风在东北和华北常为西北风，到华中转为北风，华南多转为东北风。冬季风盛行的时间，除华南、华中以外，其他地区一般都较夏季风盛行的时期长。华南，夏季风盛行时期长达6个月，冬季风4个月。华中，冬、夏季风各5个月。华北冬季风长达7个月，东北长达9个月。

季风是我国气候的基本特色。每年夏季，正当各种作物生长活跃，需要水分最多的时候，夏季风从海上吹来，湿热多雨，高温期和多雨期相结合，为农业生产提供了有利条件，特别是扩大了喜温湿作物的种植范围，如水稻，即使在我国黑龙江省的最北部也能种植。同样，由于冬季风的影响，喜干凉的作物得以向南扩展。

（6）山风和谷风

在山区，白天从山谷吹向山坡上的风，叫谷风；夜间自山坡吹向山谷的风，称山风。白天山坡接受太阳辐射热量较多，气温升高，空气膨胀上升，山谷中的空气顺山坡流来补充，形成谷风。到了夜晚，山上冷却快，气温下降，空气密度增加下沉，便沿山坡向下流动，形成山风。如我国的乌鲁木齐南倚天山，北临准噶尔盆地，山谷风交替很明显，从20时到次日11时多吹山风，以后逐渐转为谷风。夏季，如果空气中有足够的水汽，谷风常常带来云雨。

谷风的平均风速约2~4米/秒，有时可达7~10米/秒。谷风通过山隘的时候，风速加大。山风比谷风风速小一些，但在峡谷中，风力加强，有时损害谷地中的农作物。

谷风

山风

（7）风与农业

风对于农业生产有利也有弊。风能使大范围的热量和水汽混合、均衡，调节空气的温度和湿度；能把云、雨送到很远的地方，使地球上的水分循环得以完成。当作物开花的时候，微风传播花粉，促进作物授粉。微风还能调节农田小气候，使作物良好生长。

在农业生产上把风作为动力来利用，经济价值更大。如在我国的一些江河、海边，利用风车汲取河水灌溉田地，汲取海水晒制食盐。根据安装风车的原理，人们又发明了风力发动机。风力发动机为农村进一步解决汲水、排洪、轧花、脱粒、磨制粮食提供了动力。风力发动机可用于发电，因这种发电方式环保洁净且取之不竭，对解决偏远地区农村用电问题有非常好的前景。至于利用风力推动帆船在江河湖泊里航行，这从很早的古代就开始了，在蒸汽机没有发明以前，横渡海洋的船只，也是依靠帆樯航行的。

风车

风也有不利方面，大风使已成熟的作物脱粒、落果，吹倒、折断根茎，减少收成，有时还把肥沃的表土吹走，作物根部裸露；有时又把别处的砂土吹来，淹没良田，这些都不利于作物的生长。风还传播病害、虫害，散布杂草种子，扩大了危害范围。狂风沙暴有时还对交通、工程建设等造成一定危害。对风的不利一面，要注意预防。

（三）风云可测　人能测天

对于天气变化，过去总是说"风云莫测"。风云真的莫测么？人民的智慧和力量是无穷的。人民敢斗风云，敢测天，在认识和利用天气的实践中，不断地实现从必然王国向自由王国的飞跃。

1.天气观测

（1）天气观测以前……

天气观测是天气预报的基础之一。在天气观测以前，需要选择观测场、安置观测仪器、确定观测项目和观测时间。

观测场是进行天气观测的场地。它应尽量选在日照良好、不受邻近高大建筑物和树木影响的地点。观测场地要平整，除特殊需要外，一般不宜设在山顶、斜坡或洼地里。场地应离开障碍物有它高度的5～10倍的距离。场地大小可因地制宜，通常长、宽不超过25米，即面积不超过625平方米。场地的门开在北面。场内草深不超过20厘米。为保护观测仪器，场地四周可安装稀疏白栅栏。观测场的小路（宽约0.4～0.6米）从北面通往各项观测仪器。

观测仪器一般有百叶箱、干湿表、各种温度表、雨量器（附量杯）、蒸发皿、日照计、风向风速仪等。这些仪器不一定都安装齐备，可按需要而定。仪器应设置在东西走向的小路的南面。高的仪器放北面，低的仪器放南面，顺次排列。

气象观测一般观测温度、湿度、云状、云量、能见度、降水、日照、

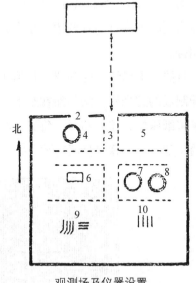

观测场及仪器设置

1.场地距离高大建筑物或树木高度5～10倍远；
2.场地周围安装白漆木栅或带刺铁丝网；3.小路；
4.风的仪器；5.空白备用；6.百叶箱；7.日照计；
8.雨量器；9.曲管地温表场地；10.直管地温表场地

风向、风速、气压、天气现象等。气象哨根据条件可以减少能见度、日照、气压的观测。正规的观测时间，一般是每日 4 次，即 02 时、08 时、14 时和 20 时。气象哨可减少为每日观测两次，即 08 时和 20 时，或 14 时和 20 时。每次观测应在正点时间提前 20 分钟开始。

（2）日照与湿度的观测

测定日照 太阳照射时间的长短称为日照时数，简称日照。测定日照常用乔唐氏日照计。它的上部为黄铜做的圆筒，内装日照纸，两侧各穿一小孔，让日光射入筒内。除正午一两分钟内两孔可同时进光外，其余时间都是一孔进日光。

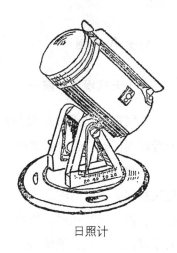

日照计

日照计一般安装在观测场南面，离地 1.2 米高的木架上。也可安装在观测方便的平台或屋顶上。安装时要使仪器的底座水平，筒口一端对准正北方，使正午时的日光恰恰同时射入日照计两边的小孔，并须调整指针使其所示刻度与当地的纬度相符。

日照纸上纵线为时间线，每格 1 小时。它是用柠檬酸铁氨和赤血盐按比例配制成的感光液，均匀涂在纸上，阴干后再放入日照计暗筒内，并用压纸铜条将纸压好，盖上筒盖。每天傍晚日落后换日照纸。根据日照纸上感光迹线的长度，可以算出日照时数。

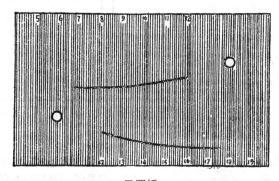

日照纸

测定气温 空气温度用温度表来测定。温度表必须放在阴凉通风的地方，一般放在百叶箱里，不让它直接受到日照、降水和强风的影响。百叶箱壁用双层百叶木片做成，一面向内倾斜，一面向外倾斜，空气可自由流通。百叶片宽 26 毫米、厚 6 毫米。百叶箱门朝北，安置在固定的架子上，架底高出地面 1.25 米。箱门前面安置一个小矮梯。箱里箱外，以及架子和矮梯都涂上白色油漆。

百叶箱的安置

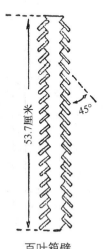

百叶箱壁

温度表是一根封闭的细长玻璃管，它里面装水银或酒精，管外刻有度数。热的时候水银或酒精柱膨胀上升，冷的时候收缩下降。所以，温度表里水银或酒精柱愈高，就表示天气愈热；愈低，就表示天气愈冷。

普通用的温度表有摄氏表和华氏表两种。华氏温度表以水的冰点为 32 °F，沸点为 212 °F，两者之间的刻度相差是 180°。摄氏温度表冰点在 0℃，沸点在 100℃。通常采用的温度都是摄氏刻度的温度表。

放在百叶箱里的温度表，还有最高、最低温度表。最高温度表用来测定某一段时间内出现过的最高温度。它的水银球部和毛细管连通处特别狭窄，气温上升时，水银因膨胀挤过狭窄处沿毛细管上升；当气温下降时，球部水银体积收缩，因狭窄处摩擦力的作用，毛细管内的水银不能回缩到球部，所以水银柱顶端指示的度数是曾经出现过的最高温度。用过后，只要加以摇转，水银缩回球部，又可使用。

最低温度表用来测定某一段时间内出现过的最低温度。表内装的是酒精，当温度下降，酒精柱收缩时，借助酒精的表面张力把一活动指标带下；

温度上升时，酒精从指标和管壁之间的缝隙上涨，指标却停在原处不动，指标的顶点就是过去一段时间内的最低温度。用过后，将球部稍稍抬高，就又可使用。

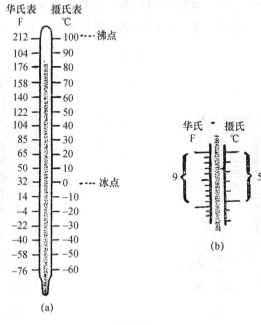

温度表

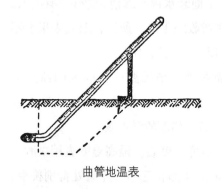

曲管地温表

看温度表的时候，头部、手和灯不要接触球部，屏住呼吸，迅速读数，以免受到体温和呼吸的影响。同时，视线必须同水银柱顶部平行，这样就不会产生误差。

测定地温 地温表的种类很多，有地面温度表，地面最高、最低温度表，测量深度为5、10、15、20厘米的曲管地温表，测量深度为40、80、160、320厘米的直管地温表。

地面温度表应水平地安放在观测场南面约4×6平方米的地段，球部向东，球部与外壳埋入土中一半，彼此相距5～6厘米。曲管地温表应放在地面温度表西面约20厘米处。球部向北，由浅而深（5、10、15、20厘米），自东向西排列，其间距约10厘米，上部和地面呈45°的交角，以支架支撑着。冬季当地面温度低于 –36℃时，停止地面温度表和地面最高温度表的观测。在土壤冻结之前把全部曲管地温表取回，到土壤解冻后，再放原处。

直管地温表应放在观测场地南边有自然覆盖的地面上，自西向东，由浅入深地排列一行，彼此间隔半米。在直管地温表北面安置一个供观测时走动用的台架，台架宽约 30 厘米，高和地温表外管齐平。

（3）湿度的观测

测定空气湿度 测量空气湿度通常用干湿球温度表。它是由两支同样的温度表组成的。干球温度表是用来测量气温的。湿球温度表的水银球用湿润纱布包裹着，纱布下端浸在水盂里。湿度是 100% 时，空气中所含水汽已饱和，水分停止蒸发，两支温度表的读数相同。湿度不到 100% 时，纱布上水分逐渐蒸发。水分蒸发要吸收热量，这样湿球温度表的读数就减小。空气越

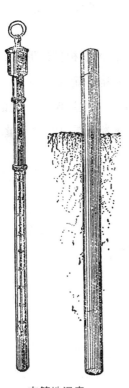

直管地温表

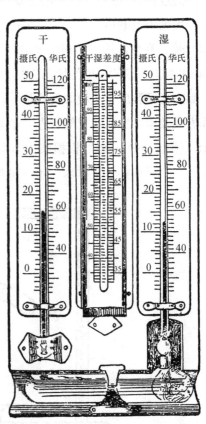

干湿球温度表

干，水分蒸发越快，干湿球温度表的读数相差越大。从两支温度表的读数差，可算出空气的湿度来。这种关系通常都由预先计算好的相对湿度表来表示的。

相对湿度表

空气温度（干球）（℃）	干湿球温度表读数差									
	1	2	3	4	5	6	7	8	9	10
21	91	83	75	68	62	56	51	46	42	38
22	91	83	76	69	63	57	52	47	43	39
23	92	84	76	70	64	58	53	48	44	40
24	92	84	77	70	65	59	54	49	45	41
25	92	84	77	71	65	60	55	50	46	42

注：相对湿度表中，左边第一列是干球温度，上边第一列行是干湿球温差，此列和行的交叉处就是空气的相对湿度百分数。例如，干球温度为29℃，湿球温度为24℃，其相差为5℃，查表即知相对湿度为65%。

当温度降到 –5℃时，常用毛发湿度表来测定空气湿度。它是用一根经脱脂处理的毛发制成的。因为毛发的长度随相对湿度的大小而伸缩。相对湿度增大时，毛发延长；相对湿度减小时，毛发收缩。据实验，湿度从 0% 增加到 100%，毛发的长度约增加 25%。

测定土壤湿度 土壤湿度就是平常所说的墒情。测墒要根据地形、土质、耕作方式及作物生长状况等，选出有代表性的地片，每隔一定时间测查一次。可 10 天测定一次，也可根据条件和需要不定期测定。每次选两个以上的取土点，分别测查 0～10 厘米、10～20 厘米、20～30 厘米土层内的含水量。

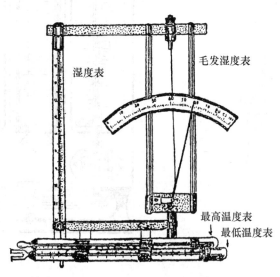

百叶箱中最高、最低温度表和毛发湿度表的安置方法

从上述三个土层里取出的土样，用手可试测土壤湿度。土壤含水率在10%左右时，壤土、砂壤土用手捏紧能成团，松手就散；含水率15%左右时，黏土、壤土用手揉不成团，搓不成条，砂壤土虽可揉成团，轻压也散；含水率25%左右时，黏土、壤土、砂壤土都能揉成团，搓成条。

从不同土层里取出土样（一般取50克）后，立即装入铁盒带回室内，先称出土样重量（即湿土重量），然后放在火炉上烘烤。烘到不冒热气、土色均匀变干、呈松散状态，即已烘干，待冷却后再称出重量。土壤湿度按下式计算：

$$土样含水量 = 盒湿土共重 - 烘后盒干土共重$$

$$干土重 = 烘后盒干土共重 - 盒重$$

$$土壤湿度 = \frac{土样含水量}{干土重} \times 100\%$$

据试验，土壤含水率低于15%，不利于播种和作物正常生长，需要及时灌水；含水率为18%～24%，是最合适的墒情；含水率超过25%～27%，需要适当放墒。

（4）云和降水的观测

云的观测　云的观测包括判定云状、估计云量、测定云高。判定云状一般借助于云图，在开阔的地方进行观测，这样便于了解整个天空云的情况，及时发现由别处移来的云层。观测时先判定云形（根据前文"常见的云"表），再判定它的种类和具体的云状及其特征。如果天空同时有几层云，则应根据云高由下而上逐层判定，再考虑云的本身特征及与其相伴的各种天气现象（如降水、光、电等）。还应经常注意云的连续变化，掌握其演变规律。

判定相似的云状，要进行全面分析，抓住最基本的特点对比。例如层云和雨层云：层云厚度不大，明暗不均，看起来较"干燥"；雨层云底阴暗、模糊，看起来较"潮湿"，云下面常出现碎雨云或雨幡。又如积雨云和雨层云：积雨云遮盖全天时，有雷雨，降水是阵性的，云底常呈乳房状，有明显的起伏；雨层云一般没有雷鸣闪电，降水是连续性的，云底模糊。区别高积云和层积云的方法，主要看云块的大小，一般以云的视角来衡量。若云层中多数云块的视角不超过太阳视直径的10倍，就是高积云；10倍以上就是层积云。还可用手臂观测，即观测时伸直手臂，用三个手指并列的宽度去量云块，如果大多数云块都能被遮住就是高积云，否则是层积云。此外，层积云的高度较低，看上去云块较大、较厚；高积云较高，看上去云块较小、较薄。

夜间判定云状，如果有明亮的月光，方法和白天相同。如果没有月亮，就要充分利用星光。天空有高云时，一般可以见到星光：卷层云，星光均匀分布，云层愈厚，星光愈稀少、愈模糊。有卷云、卷积云时，星光明暗不一，有云处星光模糊，无云处星光明亮。天空有中、低云时，有时能见到星光，有时不能见到星光。如果是透光高积云、层积云，从云缝中可见到星光；如果是高层云、雨层云、层云或蔽光的高积云、层积云等，都看不见星光。在没有星月的黑夜，以当天及傍晚云的变化情况，根据云的演变规律，推断夜间可能出现的云状。例如，白天积状云发展旺盛，傍晚不见衰退，则夜间可能仍有积状云存在，甚至发展为积雨云；如果积状云在傍晚已逐渐衰退，夜间可能蜕化为积云性层积云和积云性高积云。此外，夜间还可根据与云相伴而生的降水和其他天气现象来判定云状。降毛毛雨多为层云，降连续性雨（雪）的主要是雨层云或高层云，降间歇性雨的多为蔽光层积云，降阵雨或有雷电现象的则是积雨云。

云量的估计，全凭目测云块占据天空的面积来决定。通常将整个天空等分为 10 份。碧空无云或被云遮蔽不到 0.5 份时，云量为"0"；遮盖天空一半为"5"。云量多时，应先估计露出的青天，再推算出云量。云量少时，则直接估计云所遮蔽天空的份数。

一般说来，当天空被云掩蔽，颜色发白，地上东西显得明亮，这种云较高；相反的，云色暗灰或灰黑色，显得阴沉，这种云较低；走得慢的云较高，走得快的云较低。此外，参照各类云的平均高度，结合当地的具体条件，凭经验也能估计云高。如果附近有已知高度的山峰、高大建筑物等，可按它们被云遮盖的程度或云底离开它们的相对高度来估计云高。

各类云常见的高度

云类	常见云高范围（米）	云类	常见云高范围（米）
卷云	7000～10000	层积云	500～2000
卷层云	6000～9000	层云	50～500
卷积云	6000～8000	雨层云	500～1200
高积云	3000～5000	积云	500～1200
高层云	2000～5000	积雨云	300～1500

实测云高的方法，一是气球法，即用上升速度固定的氢气球，计算从施放到气球进入云底的时间，求出云底的高度。二是云幕灯法，在夜间用强灯光向上直照云底，通过观测点测出视线到云底一点与地平线的夹角，根据三角法算出云高。三是用光发射器射出一束紫、绿、蓝三色光（弧光）至云底，光源碰到云底被反射回来，为地面接收机接受。根据弧光从发射到接收的时间算出云底的高度。

降水的观测 气象部门把下雨下雪都叫作降水。降水的多少叫降水量。降水量是按从天空降下的雨或雪、雹等融化后未经蒸发、渗透、流失而积聚在地面上的深浅来计算的。表示降水量的单位通常用毫米。1毫米的降水量是指单位面积上水深1毫米。

1毫米降水量落到田地里有多少呢？我们知道，1毫米是长度1米的千分之一，每亩地面积是666.7平方米，因此，1毫米降水量就等于每亩田地里增加0.667立方米的水。每立方米的水是1000千克，1毫米降水量，也就等于向每亩地里浇了667千克的水。不过，由于降水量分布不均匀，有时北边降得多些，有时南边降得多些，特别是夏天雷阵雨，差别更大。地面所承受的雨量还与降水性质、土壤及地面覆盖物、地势等有密切关系。因此，以上的计算只能说是估算。

降水量用雨量器测定。雨量器包括雨量筒和量杯。雨量筒的直径一般为20厘米，口面积为312平方厘米，内装一只漏斗和一个瓶子，垂直地竖立在离地面70厘米高的地方，承受降雨或阵雪。落下来的雨经过漏斗流到瓶子里，观测时，测出瓶里水的体积，除以雨量筒的面积，就得到积水深度，也就是雨量。如果把瓶里的水倒在特制的量杯内（量杯口径和它的计量单位，要跟雨量筒的口径保持一定比例），根据杯上的刻度就可知道降水量。若用雨量器量雪时，筒里不须装置漏斗和盛水的器具，让雪直接落在筒内。计算时，先取定量的温水（注意切勿用火烤）把雪融化，然后用量杯量出水量，减去原加的温水量就得出降雪量。每次降雪时的密度和当时高空温度、地面温度不同，因而测算结果就有很大出入。但一般说来，大约1.3厘米（13毫米）的雪深，约有1毫米的降水量。

雨量器可照前面讲的自制。把一个直径20厘米的瓷碗底凿一个洞，洞比玉米粒稍大，碗口朝上放在一个无盖的罐子上，罐内放一个瓶子，瓶口和碗底上的洞口相接，放在平坦的固定木桩上。下雨时，雨水由碗底小洞漏入瓶内，定时用秤称量降水量，0.6 两（即 30 克，1 两 =50 克）重的水即下了 1 毫米的雨。

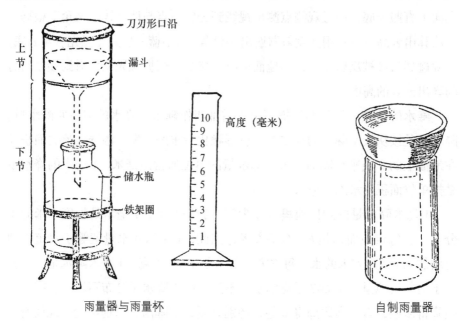

雨量器与雨量杯   自制雨量器

雨量大小还可根据降水状况来判断。降雨状况一般分四个等级，就是小雨、中雨、大雨、暴雨。

小雨：雨滴下降清晰可辨，地面全湿，洼地积水慢，屋上雨声微弱。

中雨：雨滴下降连续成线，雨滴四溅，洼地积水较快，屋上有沙沙雨声。

大雨：雨滴下降模糊成片，落地四溅较高，洼地积水很快，雨声哗哗。

暴雨：雨猛如倾盆，雨声震耳；积水特快，江河涨水。

在气象台站发布的天气预报中，经常讲到小雨、中雨、大雨。小雨是指 24 小时内雨量在 10 毫米以内，中雨为 10～25 毫米，大雨为 25～50 毫米。24 小时内雨量超过 50 毫米的称暴雨，超过 100 毫米的称大暴雨，超 200 毫米的称特大暴雨。"零星小雨"指有的地方下，有的地方不下；"间断小雨"指断断续续地下；"阵雨"指时下时停，时大时小。

降雪一般分三个等级，就是小雪、中雪、大雪。小雪指下雪时能见度大于或等于 1000 米，短时间内不会形成积雪。中雪指下雪时能见度在 500～1000 米，积雪较快。大雪指下雪时能见度在 500 米以内，积雪很快，而且深。

（5）气压和风的观测

气压的观测 我们知道，大气压力的单位是百帕。百帕的数值愈大，表示气压也愈大。在物理学上，大气压力的单位常用水银柱高度表示。为什么气象上要用百帕来表示呢？这是因为，大气不仅有一定重量，而且在空气分子运动时，如果碰着器壁，还产生一种弹性力。当大气以它的重量自上而下作用时，大气柱下部的空气团就产生弹性力，而这种弹性力又必然与整个大气柱重量相平衡。因此，大气压力，不仅是代表单位面积上大气柱的重量（即单位面积上的压力强度），还表示空气团的弹性力强度。弹性力也是力的一种。从物理学角度来说，用力的单位表示大气压力，则更为恰当。常用力的单位是达因/平方厘米或克重/平方厘米。物理学又告诉我们，每平方厘米1达因的力为1巴，但1巴的数值太小了，气象学上就把它加大了10万倍，即每平方厘米上有10万达因的作用力为一个"巴"。巴的千分之一就称为"毫巴"。因此，1毫巴（1毫巴=1百帕）就等于1平方厘米上有1000达因的力。

在标准状况下，气象上的一个大气压力约相当于1平方厘米上1000000达因的力，它又相当于水银柱高度750毫米。换算后可得1000百帕=750毫米汞柱，即1百帕=3/4毫米汞柱，或1毫米汞柱=4/3百帕，两者之间可以彼此换算。

测定气压常用的仪器有水银气压表、空盒气压表等。它们是安放在空气流通的室内进行观测的。福丁水银气压表就是根据大气压力与水银柱的重量相平衡的原理制成的。它是一根长约1米、内贮水银、上端封闭的玻璃管，下端插在水银槽内，外面有金属管保护，上有刻度标尺和附属温度表。观测时，先观测温度，然后旋转水银面调整螺旋，使水银面与其里面的一枚象牙针尖恰好相接，再调整金属管上游尺使之与水银柱顶相切。眼睛平视读数，先读取标尺上整数，再读取游尺上小数。读数复验后，放松下部螺旋，使水银面下降离开象牙针尖端。

水银气压表的制作，是以温度0℃、纬度45°的海面高度为标准，为求得本地气压读数，还要进行仪器差、温度

水银气压表

三、风云可测

101

差和重力差三种订正。仪器差是仪器制作时本身存在的误差，在仪器附件的"检定证"里可以查得。温度差是因水银与其外壳的金属管，在不同温度下因膨胀系数不同而引起的误差，其误差数值可在气象常用表中查到。重力差，一是由于纬度不同而引起，误差值可查看气压常用表；一是由于海拔不同而引起，但差值不大，每升高 400 米只减少 0.1 毫米。

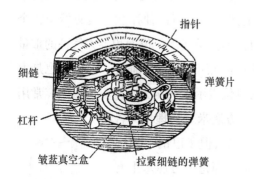

空盒气压表

空盒气压表是根据金属的弹力与大气压力相平衡的原理制成。它的主要部分是一个金属圆盒，上下两面有同心圆状凹凸波纹，盒内近似真空，对气压变化感应灵敏。气压增高，盒面受压向里凹入；气压降低，盒的弹簧就使盒面向外凸出。这种变化通过连接在盒面的杠杆和链条传给指针，指针就在带有刻度的圆形标尺上移动，指出当时气压。观测时用手轻击表外玻璃，等指针静止后再行读数。平时要避免震动。搬动时要保持空盒水平。

气压表也可以自制。用墨水瓶一只、长约 200 毫米的细玻璃管一根、学生尺一把、与瓶口大小相同的软木塞一只、食用油一滴、细线两根。先在玻璃管的一端注入一滴食用油，将软木塞穿孔，然后把玻璃管插入软木塞并与孔眼刚好紧密对接，再将软木塞紧紧地塞在墨水瓶口，最后在学生尺的上下部分钻两个小孔，用细线将玻璃管缚在上面，这样，就做成了土气压表。当外界的气压升高时，油滴下移；外界气压降低时，瓶内的气压大于外界气压，油滴则上移。

风的观测 观测风的仪器有维尔达测风器。它主要是一根附有罗盘方位的垂直铁轴和指示风向风力的指标。风向标应离地面 10～12 米高，如果附近有障碍物时，其安置高度至少要高出障碍物 6 米，指北的短棒一定要正对北方。当风向箭头指在哪个方向，就表示当时刮什么方向的风。测风器上还有一块长方形的风压板（重型的重 800 克，轻型的重 200 克），风压板旁边装一个弧形框子，框上有长短齿。风压板扬起所过长短齿的数目，表示风力的大小。

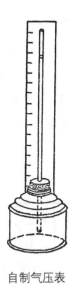

自制气压表

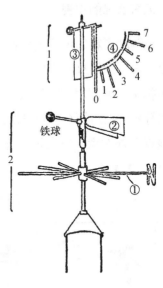

测风器

1.风速部分；2.风向部分；
①指杆；②风向标；③为压板；④弧形尺

观测风向时，要站在测风器下面，注视风向标头部在哪一个方向。每次观测要坚持 2 分钟。当风向标摇摆不定时，要确定一个平均方位，记载下来。

观测风速时，应当离开标杆 5 米以上，站在与风向标垂直方向的位置上，每次观测要坚持 2 分钟，注视风压板的摇摆平均位置，看它所达到的指针号数或两指针中间的号数，然后把号数和相当的风速记载下来，再从风力等级表中查出风力等级。

风压板与风速对照表

风压板的位置		0	0~1	1	1~2	2	2~3	3	3~4
风速 （米／秒）	轻型	0	1	2	3	4	5	6	7
	重型	0	2	4	6	8	10	12	14
风压板的位置		4	4~5	5	5~6	6	6~7	7	
风速 （米／秒）	轻型	8	9	10	12	14	17	20	
	重型	16	18	20	24	28	34	40	

三、风云可测

此外，通过观察旗帜、树枝、炊烟等飘动的方向，能大致确定风向。利用水面和陆地地面征象能判定风力等级，也能大致确定风速的大小。

（6）天气状况的观测

天气观测除了利用仪器观测各种气象要素外，还可凭感觉器官观测某些天气现象。观测的结果一般用天气现象符号记载下来。在天气现象符号的右上角可再标上"0""2"等号码，以区别天气现象的强弱。如天气现象很微弱，就在符号右上角加0；如很强，就在符号右上角加"2"。如果天气现象在观测地点以外发现，应在符号外加上括号。例如，在观测点以外发现霜，就应记为"[⊔]"。

主要天气现象的符号

天气现象出现的时间（开始到结束）也要用符号记录下来。如夜间有露，则在夜间栏标记"⌒"；如9时15分开始下雨，到11时20分结束，则记"·9^{15}—11^{20}"。用"B"表示白天，"Y"表示夜晚。从8时到20时算作白天；从20时到第二天8时算作夜晚。如果某一天气现象到次日8时还没有消失，就应记为当天夜晚和第二天白天。例如，从20/7（7月20日）16时起，到次日9时止，一直降中雨，那么，就在20/7栏内记为"B—Y"，同时在21/7（7月21日）栏内也记上"B"。

每天观测的气象要素应按时记在规定表册内。气象哨可根据具体情况，适当补充或删去表册内不必要的项目。

气象观测记录簿

时间	8			14			20			合计	平均
总云量											
风向／风速	/			/			/				
	读数	仪器差	订正后	读数	仪器差	订正后	读数	仪器差	订正后		
干球温度											
湿球温度											
绝对湿度											
相对湿度											
地面湿度											
降水量											
天象 夜间（20—8）										最高气温	
天象 上午（8—12）											
天象 下午（12—20）										最低气温	
物象										最高地面温度	
										最低地面温度	

观测员 　　　　　　　　　　　　　　　　　　　　　　　　　年　月　日

（7）电子探空

从 18 世纪中叶起，人们就采用风筝、载人气球探测高空的大气了。20世纪初，航空事业迅速发展，开始采用飞机探空。但是，用这些方法探测的高度有限，既不及时又不经济。到了 20 世纪 30 年代末，电子技术蓬勃发展，人们发明了无线电探空仪，从而圆满地解决了高空的气象探测问题。

无线电探空仪是利用无线电技术遥测高空大气气象要素的仪器。探空仪悬挂在大型氢气球下面，以每分钟 300～400 米的速度飘向高空，仪器中的各个感应元件不断测量大气层各高度上的温度、湿度、气压、风向风速，通过发射机随时把测量资料发回地面。探空仪和地面雷达配合起来，还可进行温度、气压、湿度、风向风速的综合观测；如果附加某些仪器，还可探测大气的垂直运动、太阳辐射和大气成分等。

继无线电探空仪发明之后，又出现了气象火箭。探空仪和火箭是近代探测高空大气的主要工具。探空气球升限约30千米，较大的火箭可达100千米的高度。

雷达诞生后，人们发现，云雨对电磁波的散射所产生的回波，能够较好地反映云体的结构和移动，这样，雷达就日益广泛地被应用到气象学研究和气象日常业务上，研制出了种种的气象专用微波雷达（一般波长3～10厘米）。雷达可以在几

施放气球，观云测天（永兴岛场面站）

百千米范围内迅速地发现雷阵雨、龙卷、台风等强风暴系统，在监视和预防灾害性天气方面起了很大作用。利用雷达还可以确定降水强度、空中激烈的颠簸区等，这对做好洪水预报和航空很有帮助。

除微波雷达外，后来还出现了激光雷达和声雷达。它们的工作原理与微波雷达相似，所不同的是发射的波长不同，可用来探测大气中微波雷达"看不到"的某些大气现象。随着雷达技术和理论研究的不断发展，雷达作为新的探测工具将会起更大的作用。

20世纪60年代以后，随着空间技术的发展，出现了气象卫星。它是一种专门从宇宙空间来探测大气的人造卫星。气象卫星在数千千米以上的高空从上而下地观测大气，原来很多难以观测难以发现的天气现象，就一目了然了。气象卫星的出现使人们观测天气的能力，向前迈进了一大步，开始了

无线电探空仪

从宇宙空间观测天气的新时期。卫星可观测到地球上的每一地区，使缺乏气象资料的海洋、沙漠、高山等地区都能从卫星上得到资料，从而弥补了现有气象观测站网的不足。一颗气象卫星在空中运行一天得到的全球性气象资料，在地面全世界需放成千个探空仪，还要很多人员进行观测工作才能得到。

在气象卫星沿着空间轨道绕地球转动的过程中，可以拍摄到热带海洋上最激烈的天气现象台风（飓风）的云系照片。当它们在遥远的海洋上还非常弱小的时候，卫星就可以发现它们。尤其是由地球同步卫星拍摄的天气演变的电影，对做出热带地区的天气预报更有很大启示。气象卫星除了拍摄云层照片外，还可以探测许多气象要素，如大气温度、湿度、海水温度、云顶温度、冰雪覆盖、辐射分布等，它们对数值预报、长期预报和气候变化的研究，具有重要意义。

我国自制的甚高分辨率卫星云图接收机接收的一幅云图———次台风的可见光照片

（8）天气形势

在预报天气时，必须先分析预报天气形势。天气形势就是指气团、锋、高气压、低气压、高压脊、低压槽以及切变线、低涡等天气系统的分布所处的地理形势。在某种天气形势下，将会有与之相适应的天气系统存在，有了一定的天气系统，就有一定的天气现象产生。根据这些系统的分布位置、移动速度及其强度变化，进行综合分析，判断大气层的稳定程度，并结合本地气象资料，才能做出天气预报。

（9）气团

地球上各地低层大气的物理性质（温度、湿度等），主要是由当地的地理环境及地表性质决定的。如在西伯利亚这样非常寒冷的地区，地面积雪很厚，长期停留在那里的空气就变得很冷很干。在热带海洋面上终年高温潮湿，这又会使那里的空气具有湿热的特点。这些受地球表面性质影响形成的而又和当地地理环境有共同特点的大块空气，就称为气团。

气团所占的空间范围很大，一般水平距离可达几百到几千千米，垂直厚度可达几百米以上。在同一气团水平方向的物理性质近乎一致（只有小的差异），而垂直方向上上下则有很大的不同。

从冷热性质来看，气团有冷气团和暖气团两种。在北半球，北方比南方冷，所以，从北方来的一般是冷气团，从南方来的一般是暖气团，分别简称为冷空气和暖空气。从干湿性质来看，气团又可分为干燥气团和潮湿气团两类。干燥气团一般产生于大陆，又叫大陆气团；潮湿气团一般产生于海洋，又叫海洋气团。由此可见，气团的性质主要有冷、暖、干、湿四种情况，归并起来就是湿热、干热、湿冷及干冷四大类。

气团的名称一般根据其源地来确定。如源于西伯利亚的气团，就称西伯利亚气团。气团在它的源地形成后，一方面随高空气流作东西方向运动，另一方面也作南北方向运动。例如冷空气往南运动叫"冷空气南下"，暖空气往北运动叫"暖空气北上"。有时冷空气一小股一小股地南下，这叫"小股冷空气扩散南下"。当气团离开源地移到其他地区时，一方面气团本身改变原来的性质，或由冷逐渐地变暖，或由暖逐渐地变冷；另一方面则造成这个地区的天气发生剧烈变化，如冬季西伯利亚冷气团移至我国，就会出现寒潮天气。

（10）锋

当两个性质不同的气团相遇时，它们中间有一交接过渡区，气象上称它为"锋"。锋的宽度在近地气层中约数十千米，在高空可达 200～400 千米，或者更宽。这个宽度与气团的水平范围相比显得很狭小，因此常把锋近似地看成一个面，称为"锋面"。锋面与地面的交线称为"锋线"。锋线长的有数千千米，短的只有数百千米。锋扩及的高度从几千米到十几千米不等。

锋面一般是向冷空气一侧倾斜的。这是因为冷空气比暖空气重，当冷暖空气相遇后，冷空气向下钻，暖空气就沿着冷空气向上滑升，于是冷暖气团的交界面（锋面）就变得倾斜了。

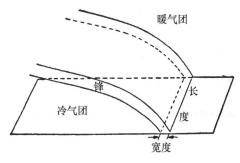

锋在空间的状态

随着冷、暖气团的移动，锋也移动。处在冷空气推走暖空气之间的锋叫作冷锋，处在暖空气推走冷空气之间的锋叫作暖锋（或者按锋线是位于冷空气之前还是暖空气之前，分别叫冷前锋或暖前锋）。冷暖空气互相推动，但锋的位置移动不多或来回摆动的，叫作静止锋。此外，有时在冷锋的后方还因有新的冷空气加入而形成副冷锋，有时因后边的冷锋移动较快追上了前面的暖锋而形成锢囚锋。

各种锋的附近，暖空气都主动或被动地沿着锋面向上滑动，因此容易形成云和降水。当锋过境后，新的气团挤走、代替了原来的气团，就会使当地的温度、湿度、气压和风等气象要素发生较大的改变。大致说来，冷锋多带来剧烈降温、大风、大雪（冬天）、雷阵雨甚至冰雹（夏天），暖锋多带来连绵阴雨或雪。静止锋也常带来连绵阴雨。

冷锋在我国活动范围很广，尤以冬半年的北方地区更为常见，是影响我国天气的最重要的天气系统之一。暖锋常活动于长江以南和东北地区，多出现在春季。准静止锋多在冬半年，主要出现在华南、西南和新疆天山北侧，江淮流域的"桃花汛"和"梅雨"也常与它有密切关系。锢囚锋常出现在东北和华北地区，并且以春季为最多。

锋面形成后不会永远存在下去。锋从它的生成到消失，始终都贯穿着矛盾，矛盾斗争的结果无不在一定条件下向着自己相反的方向转化，冷气团逐渐变暖，暖气团逐渐变冷。这一转化过程，就是冷气团和暖气团发生质变的过程，旧的气团和锋逐渐减弱或消失，新的气团、新的锋又会随之产生或加强。

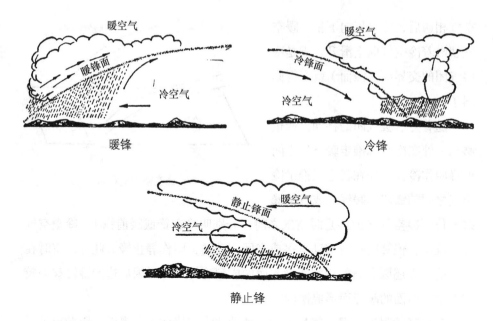

暖锋

冷锋

静止锋

（11）低气压和高气压

低气压简称"低压"。它的特点是气压系统的中间部分气压最低，向外逐渐升高（好像山谷、盆地一样），于是空气从四周向中间流动。在空气流动时，因受地球自转偏向力、地表摩擦力以及空气运动速度的不断变化等因素的综合影响，做旋转式运动。在北半球低压区域内，气流围绕低压中心旋转，所以"低压"又叫"气旋"。通常说的"低压槽"就是指低压突出的部分，即气旋曲率最大的地区。

低压按发源地或所在地区命名，如黄海低压、东海低压、两湖低压（发生在洞庭湖和鄱阳湖地区）和河套低压等。

在低压系统中，由于旋转的空气偏向中心，四周的空气都向中心流动，使得中间的空气积聚被迫辐合上升。空气上升到高空，温度降低，水汽凝结成云就会下雨（雪）。所以，低压区域里的天气，一般总是阴雨天气。处在低压前部的地区，常会气压下降，温度上升，天气回暖，有阵雨或局部阵雨，多刮较大的偏南风。处在低压后部的地区，气压上升，温度下降，西北风或北风加大，天气常常多云、阴天或下雨下雪。所以低压移向本地区时，天气就有一个急剧的变化过程。在春夏季节，低压来临时，常会出现雷电等天气现象。

此外，在离地面 1500～3000 米高度上的低压中心，有时会分裂出一个范围小的低压中心，称为低涡。低涡刚形成时，一般对天气影响不大，可是随着低涡的慢慢移动、扩大，就形成一个比较大的低涡中心，容易造成暴雨和大风的天气。我国西南地区产生低涡的机会比较多，所以又叫西南低涡。

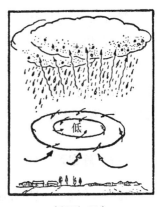

低压与天气

高气压简称"高压"。它的特点是气压系统的中间部分气压最高，向外逐渐降低（好像一座山峰），于是空气从中间向四周运动，并受地球偏向力等因素的综合影响，也作旋转式运动。但和气旋相反，是按顺时针方向旋转运动，所以"高压"又叫反气旋。通常说的"高压脊"就是指高压区突出的部分，即反气旋曲率最大的地区。

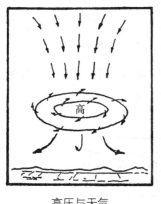

高压与天气

高压按性质又分为冷性高压（简称冷高压）和暖性高压（简称暖高压）两类。一般情况下，冷高压区域里的温度要比四周低，而暖高压区域里的温度要比四周高。有时冷高压在运动过程中会改变原来的温度性质，势力减弱，这种高压常称为变性冷高压，简称"变性高压"。

高压也按发生源地或所在地区命名，如发源于西伯利亚的冷高压称为西伯利亚冷高压，发生太平洋地区的副热带高压称为太平洋副热带高压，简称"副高"。

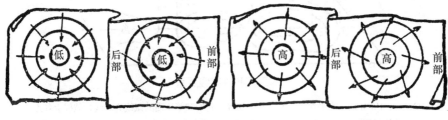

气旋与反气旋

在高压系统中，地面空气不断从高压中心向外流散，上层空气就下沉填补。气流在下沉过程中温度逐渐升高，空气中的水汽逐渐蒸发掉，相对湿度降低，所以高压中心附近地区，一般多晴好天气。在冷高压控制的区域，只有在它的边缘，才会感觉到它的寒风。冬季强冷高压南下时，常会带来寒潮，出现短暂时间的急速降温现象。盛夏时节，我国江南地区受"副高"控制时，多出现晴热干旱天气。

（12）高空天气系统

高空天气系统包括等压面和等高线、高空槽和高空脊以及切变线。它是说明 3000 米上空气流的运动状况的，大致也代表了 10 千米以下大气层空气的运动情况。不仅地面的气旋、反气旋同高空气流的移动方向大体一致，而且地面天气的变化也与高空气流的运动状况有很大关系。因此，作天气预报除了分析地面天气系统外，还需研究高空天气系统。

等压面和等高线　在大气层里，气压数值相等的空间曲面称为等压面，如 300 百帕、500 百帕、700 百帕、850 百帕的等压面。等压面的百帕数值就是压在每个等压面上各点的空气柱重量，百帕数值越大，空气柱越长，也就是这个等压面距地面越近。等压面用等高线（高度相等各点的连线）表示，如气压 700 百帕的等压面平均高度约 3000 米，有的地方高于 3000 米，有的地方低于 3000 米。因此，等压面的空间水平分布是一个凹凸不平的曲面。

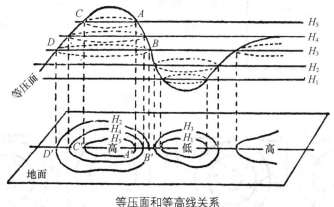

等压面和等高线关系

（H1，H2，…，H5 分别为水平面，其厚度间隔相等，它们和等压面的截线为虚线，截线上各点的气压相等。这些截线投影到水平面上，使得等压面上距海平面高度分别为 H1，H2，…，H5 的许多等高线）

在地面天气图上，通过画等压线（海平面上气压相等各点的连线）来表示气压系统，通常每隔 2.5 百帕画一等压线。高空天气图是等压面图，是通过画等高线来表示气压系统的。

高空槽和高空脊　高空槽[①]是指等压面图上，在等高线弯曲的地方，高度比两边都低的地点，可以用一条线连接起来，就叫槽线。高空槽一般与冷空气有关。高空脊[②]与高空槽的情况相反，它的高度比两边都高。

在北半球的中纬度地区上空，一般都盛行西风。高空槽和高空脊就像"波浪"一样，一个个地沿着西风气流向东移动，大的移动慢，小的移动快，与船只顺流而下很相似[③]。槽线的东面（称槽前）往往盛行暖湿的西南气流，空气作上升运动，同时也是地面冷、暖锋和气旋活动的地方，所以多阴雨天气。槽线的西面（称槽后）往往吹西北干冷气流，空气作下沉运动，所以天气晴朗。脊线东面（称脊前）盛行干冷的西北气流，是晴好天气；脊线西面（称脊后）盛行暖湿的西南气流，常是阴雨天气。因此，一个地方，当西边有高空槽移过来，天气就要变阴了；有高空脊移来，天气往往转为晴好。由于高空槽和高空脊控制的范围大，支配着地面天气系统的移动和演变，所以，在天气预报中，更重视高空槽、高空脊等天气系统。

切变线　切变线是指某一过渡地区南北两侧对头风之间所形成的交锋带。这条交锋带在天气图上反映的是一条线，所以称为切变线。切变线在地面和高空都存在。地面切变线的两侧风向不同，温差不大，一般说来，没有天气现象。但是，当切变线后部有较强冷空气南下时，地面切变线可转变成锋面，这样在切变线的前部就会产生天气现象。气象广播中讲的切变线，主要是指高空东西向的切变

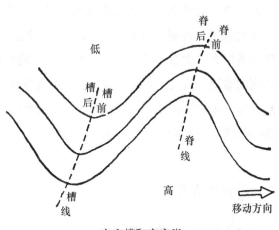

高空槽和高空脊

——————

① 高空槽有时也称低压槽。

② 高空脊有时也称高压脊。

③ 人们把西风带里的"波浪"称为西风波（一对高空槽和高空脊组成一个西风波），把东风带里的"波浪"称为东风波（通常指自东向西移动的"倒槽"）。在东、西两个风带之间起牵动和制约作用的是"副高"。

三、风云可测

线。根据高空切变线南北两侧风向的不同，又可分为冷锋切变和暖锋切变两种。

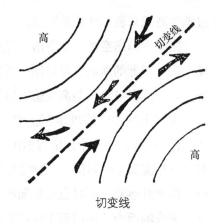

冷锋切变的北侧常吹东北到偏东风，带来冷空气；南侧常吹西南风，带来暖湿空气。当它和江南静止锋配合在一起时，高空切变线则在静止锋的北边，这时处在高空切变线以南、静止锋以北的地区，总是出现一片阴雨天气。要等切变线南移后，处在切变线后部的地区才会出现晴朗天气。

暖锋切变的北侧吹东南风，南侧吹西南风。当西南气流加强北进时，暖锋切变将消失，原来受它影响出现的阴雨天气，也就随着它的消失而转为晴暖天气。

地面天气图上天气系统主要表现为高压、低压、锋等，高空天气图上天气系统主要表现为高空槽、高空脊等。冷暖气团的交锋是天气剧烈变化的主要原因，而高低空天气系统的不同形式就是冷暖气团在高低空的不同的表现形式。当一股冷空气自西北向东南推进时，南方的暖湿空气也就随着自西南向东北推进，冷暖空气在高空的分界线就是槽线，在地面的分界线就是锋。槽线的后方高空是西北的干冷空气，对应的槽后地面是一个冷高压；槽前是西南的暖湿气流，对应的槽前地面通常出现暖低压。地面天气图上的冷低压、暖高压，也对应高空天气图上的冷低压和暖高压。如果把高低空天气系统绘在一张图上，它们之间的关系就更清楚了。

2. 天气预报

（1）天气预报的种类

天气预报是根据天气变化的规律，预报未来风、云、雨、雪、冷、热等天气变化的一项科学工作，同时也是一项服务工作。

天气预报，根据预测地区的范围，分为大范围的区域天气预报和局部范围的单站天气预报。

天气预报根据预测时间的长短，分为临近天气预报、短时天气预报、短期天气预报、中期天气预报和延伸期天气预报等。临近天气预报是未来0～2小时内的天气预报，预报的时间分辨率小于0.5小时。短时天气预报是未来0～12小时的天气预报，预报的时间分辨率小于或等于3小时。短期天气预报是未来1～3天的天气预报，预报的时间分辨率一般为6小时。中期天气预报业务是未来4～10天的天气预报，预报的时间分辨率为日。延伸期天气预报是未来11～30天内重要天气过程的预报。

天气预报根据预测的内容不同，又分为一般天气预报和灾害性天气预报。一般天气预报就是我们每天听到的有关阴、晴、风向、风力、最高温度、最低温度、雨、雪等内容的预报。灾害性天气预报又叫预警，如大风预警、寒潮预警、台风预警等。

为适应农业生产的需要，还要进行农业气象预报。农业气象预报就是对未来的天气条件做出农业方面的评价。通过这个评价，可以预先了解如何充分利用有利的天气条件使作物获得最好的收成，预防和克服自然灾害给作物带来的不良影响。随着季节和农事活动情况的不同，农业气象预报的内容也不同。在播种季节有播种期预报，预报适宜各种作物播种的气象条件和具体日期。在收获季节有收获期预报，增强收获工作的预见性。此外尚有病虫害预报、墒情预报、畜牧气象预报等专业性气象预报。

（2）气象台怎样做天气预报

正确的天气预报，来源于周密的观测材料和对各种观测资料的连贯起来的专业分析诊断。

大气层是一个整体，一个地方的天气变化，同它周围的天气是有密切联系的。根据这个道理，人们在世界各地建立了气象台、站，利用各种仪器，时刻监视着天气的变化。过去，各地气象台、站把同一时间观测到的地面和高空的各种气象要素，如空气温度、湿度、气压、风向、风速以及云和晴、阴、雨、雪等天气实况，及时地按照一定的格式编成电报，迅速传递到气象广播中心，气象广播中心汇总后，再向国内外播发。各地气象台、站在抄收到国内外播发的气象资料后，便用各种规定的符号和数码把这些资料填绘到一张空白的地图上，这种图就叫作"天气图"。实际上它是一幅各地同一时刻的天气实况图。根据地面观测资料填出来的天气图叫"地面天气图"；根据不同高度的高空探测的资料填出来的天气图，叫"高空天气图"。高空天气图有平均高度为 1500 米、3000 米、5500 米、9000 米等种类。

气象员根据一定的天气学原理，对地面和高空天气图上各个地方的天气实况进行分析，确定不同性质的气团中心和锋面位置，以及高气压、低气压、高压脊、低压槽等气压系统的分布情况和移动方向。从先后不同的几张天气图上掌握了各种天气系统的位置、强度移动速度和方向等变化情况，按照它们的一般发展规律，结合当地当时的天气情况和实践经验，就能对本地区将出现什么样的天气进行预报。气象台的天气预报就是这样做出来的。

气象台制作天气预报的方法，最常用的是连贯法、相似法和流体力学法。连贯法的基础是天气图，是预报天气系统移动和变化的最简便的方法。在前后几张天气图上，天气系统的运动和变化通常是连贯的，仔细观察天气系统过去和现在的平均移动速度和变化趋势，顺时外延，就可推知它未来的移动和变化，这就是连贯法，又叫外推法。

相似法是利用天气图制作天气预报，是天气预报中常用的一种方法。我们知道，天气变化很复杂，说明各种天气过程都具有其特殊性。如果抛掉一些微小的差异，把类似的天气过程归纳起来，就可以归纳出各种类型的天气模式，然后把各种天气模式下出现的不同天气配合起来，在日常工作中参考对照，就能判断出未来天气形势的大致演变趋向。

流体力学法是用电子计算机进行天气预报，也叫数值预报。它是把物理学中的流体力学和热力学的基本定律应用于天气预报中。就是先把这些定律用一组数学式子写出来，然后根据一些已知条件（即和预报有关的气压、温度、湿度等气象要素）用电子计算机对这组数学式子求解，便可得出未来天气变化的情况。这种方法涉及大量的数据和数学运

"云海管天兵"（黄山气象站）

算，所以只有电子计算机才能迅速、准确地完成。

近年来，我国数值天气预报在迅速地发展。随着电子计算机运算速度的增加、内存扩大，数值预报愈来愈细、范围愈来愈大、要素愈来愈多，已经成为天气预报的重要方法。

电子计算机除作数值预报外，还可作概率统计预报。长期以来，有一种观点认为，大气运动规律是确定的，只要观测资料足够多，根据大气运动方程组利用电子计算机就可以把天气预报报准，这就是前面所说的数值天气预报。另一种观点则认为，大气运动规律是不够确定的，是随机的，即使观测资料足够多，也无法把大气运动过程完全描写出来，因而必须用概率统计法预报未来天气出现的可能性，这就是概率统计预报。概率统计预报与数值预报平行地向前发展，两正取长补短，互相结合发展出更先进的预报方法。

（3）单站天气预报

气象台做出的天气预报往往是大范围的预报。各地气象站在大台预报的基础上，还要根据本地的天气演变情况，做出比较符合当地实际情况的天气预报，这就是单站补充天气预报。这个方法，打破了过去气象站"只能搞观测，不能做预报"的旧框框，使广大气象站和气象哨、组都能做天气预报，使预报工作更能直接、及时地为工农业生产和国防建设服务。

单站天气预报是气象科学与群众经验相结合的一种本地天气预报。单站天气预报是在收听气象台大范围天气预报的基础上，从生产实际需要出发，结合本地的天气实况、气象历史资料、群众看天经验以及地形等对天气变化的影响，进行补充订正后做出的。由于补充天气预报能因地、因时、因事制宜，准确率较高，大大改变了气象服务工作的面貌。

单站天气预报的工具，最常见的有气象要素时间曲线图（以下简称曲线图）、点聚图和单站要素时间剖面图（以下简称时间剖面图）及经验公式等几种。曲线图通常取横坐标表示时间，纵坐标表示气压、温度、湿度等要素，逐日将某时次（通常用14时，也有用日平均的）观测的要素值按坐标在图上点出，把同一要素的各点连成线即成。在曲线上分析前期气压、温度、湿度各曲线的"峰"和"谷"、振幅（曲线最高点和最低点之差）和绝对值大小，寻找与未来晴雨等天气的相互关系，所找到的相关规律，就是预报指标。

点聚图是反映未来某种天气现象同前期一个或几个有密切关系的气象要素之间的相关图。选取日平均气压峰点前一天的平均气温与平均绝对湿度分别作纵、横坐标，然后将所选取的历史资料逐个在坐标图上找出对应位置，并在这个位置上标明未来有大雨或暴雨（用·表示）或没有大雨—暴雨（用×表示），同一符号的点子多聚在一起，然后在它们的分界线处画出线条。把当天的平均气温和平均绝对湿度具体数值点到图上，看它落在哪个区域里，就可预报未来2～6天内是否有大雨或暴雨。

时间剖面图取横坐标为日期，纵坐标为时次，把各时次观测到的气象要素值用规定的符号及数字填入图内相应的位置即成。它对天气系统引起本站气象要素的变化，能进行较全面的分析，特别是在天气图上分析不出小范围或弱的系统和等压线时，剖面图能充分显示出来。

单站天气预报的方法，最常用的有简易天气图预报法。气象站每日按时收听本省（区）、邻省及邻区气象台的天气与天气形势预报，并以数字和符号记录下来，然后绘制包括有天气系统和主要天气现象的简易天气图。这种图一般每天早晨和下午各画一张。通过对图上天气与天气形势的分析，对未来1～3天的天气做出预报。

利用天气图预报天气有时也报错。因为有时同是槽前，有的地方阴天，有的地方降雨。另外，天气变化异常迅速，当天气图画出来的时候，天气系统可能已经变化了。为了历史地全面地掌握天气现状，除要经常分析天气与形势外，还应将天气形势、气象观测资料和群众经验加以综合分析，掌握天气变化的本质，做出更近于实际的天气预报。

（4）观天看物测天气

我国劳动人民在长期的生产实践中，积累了丰富的测天经验。这些经验以简洁生动的语言，口头流传，成为广大群众喜闻乐见的天气谚语。这些谚语，大都在一定程度上反映了天气变化的规律，是我国气象科学的宝贵财富，是做单站天气预报的重要依据。

群众测天经验，按其特点可以分为天象、风、雷雾露霜、物象和长期预报五类。

云是天气的"招牌"。云的形状、数量、分布、移动和变化，标志了大气运动的状况，所以看云可以识天气。在北半球中纬度地区，在偏西方出现的云，如果按一定的次序，随大范围的天气系统向东移动，由远而近，由少到多，由高而低，由薄变厚，这很可能带来降水天气。相反，如果云由低变高、由厚变薄、由成层而崩裂为零散状的，就不会有阴雨天气。在暖季早晨，天空如出现底平、顶凸、孤立的云块（淡积云），或移动较快的白色碎云（碎积云），表示中低空气层比较稳定，天气晴好。若早晨天空出现棉絮状云，或远望如炮台、城堡状的云，表明空中大气不稳定，水汽丰富，到午后可能发展成庞大的积雨云，带来雷阵雨，甚至冰雹伴随而来。当纤缕结构的钩状云从天边很快移来，很可能要下雨，所以有"钩钩云，雨淋淋"的说法。随后，高空出现鱼鳞般的云，云层变低增厚，可能出现"鱼鳞天，不雨也风颠"的天气。高空的云和低空的云移动方向不一致，或地面的风向不一致，这种情况，通常表明发生在冷暖空气交界面附近，将出现"云交云，雨淋淋""天南地北，风雨交作"的天气。此外，用日、月、星等天象来预测天气，也有很丰富的谚语。

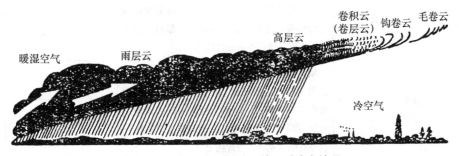

春夏之际，长江中下游地区的云系演变情况

天气谚语

类别	谚语	简释	说明
天象	天上钩钩云，地上雨淋淋	钩钩云即钩卷云。这种云后面，常有锋面（特别是暖锋）、低压或低压槽移来，预兆阴雨将临。一般隔十几小时，也有隔一两小时就会下雨	钩钩云零散出现，云层不降低、增厚，说明本地高空对流微弱，非阴雨系统入侵，未来不会降水
	鱼鳞天，不雨也风颠	鱼鳞天指卷积云。这种云出现，表明高空气层很不稳定，若云层继续降低、增厚，说明本地已处于低压槽前，会下雨或刮风	雨后云层消散过程中出现卷积云，不会有风雨

三、风云可测

类别	谚语	简释	说明
天象	天上鲤鱼斑，明日晒谷不用翻	鲤鱼斑指透光高积云，往往是变性（由冷变暖）高压气团控制下的征兆，若云层不继续增厚，短期内仍天晴	鱼鳞天一般指6000米高空的卷积云，云块很小，伸直手臂一个指头即可遮住；鲤鱼斑一般指2000～3000米中空的透光高积云，云块较大，伸直手臂需用三个指头才能遮住
	炮台云，雨淋淋	炮台云指堡状高积云或堡状层积云，多数出现在低压槽前，表示空气不稳定，一般隔8～10小时左右有雷雨	
	棉花云，雨快临	棉花云指絮状高积云。这种云出现表明空中气层很不稳定，如果这时空气中水汽充足，并产生上升运动，就会形成积雨云，将有雷雨	
	天上灰布悬，雨丝定连绵	灰布云指雨层云，大多由高层云降低加厚蜕变而形成。这种云的范围很大，很厚，云中水汽丰富，常产生连续性降水	
	江猪过河，大雨滂沱	江猪指雨层云下的碎雨云。这种云的出现，表明雨层中水很充足，并有大雨滴，所以大雨将来临。有时，碎雨云被大风吹到天晴无云处，夜间便看到有像江猪的云飘过"银河"，也是有雨的先兆，道理同上	
	云往东，车马通；云往南，水涨潭；云往西，披蓑衣；云往北，好晒麦	从云的移动方向来预测晴雨。云向东、向北移动，兆晴；云向西、向南移动，兆雨。云的移动方向一般表示它所在高度的风向。这一谚语说明云在低压内不同部位的分布情况	适用于密布全天、低而移动较快的云
	云交云，雨淋淋	云交云指上下云层移动方向不一致，说明这几层云所处高度的风向不一致，它通常发生在锋面或低压附近，所以兆雨	有时云与地面风向相反，则有"逆风行云天要变"的说法
	乌云接落日，不落今日落明日	太阳进山时，西方地平线下升起一堆城墙那样的乌云接住太阳，说明乌云东移，西边阴雨天气系统正在移来，将要下雨。一般接中云，当夜有雨；接高云，第二天有雨	如西边乌云呈条块状，或断开，或本地原来就多云，这些，都不是未来有雨征兆

类别	谚语	简释	说明
天象	西北开天锁,明朝大太阳	在阴雨天,西北方向云层裂开,露出一块蓝天,称"开天锁"。它说明本地已处在阴雨系统后部,随着阴雨系统东移,本地将雨止云消,天气转好	四季适用
	早霞不出门,晚霞行千里	早晨,东方无云,西方有云,阳光射到云上散射出彩霞,这表明空中水汽充沛,或有阴雨系统移来,而白天空气一般又不大稳定,天气将会转阴雨。傍晚出现霞,表明西边已经天晴,而晚上一般对流又减弱,形成彩霞的东方的云层,将更向东方移动或趋于消散,所以预示天晴	注意大气中的其他光学现象与霞的区别
	太阳现一现,三天不见面	春夏时节,雨天的中午,云层裂开,太阳露一露,但很快云层又聚合变厚,这表明本地正处在准静止锋影响下。准静止锋附近,气流升降强烈、多变。上升气流增强时,云层变厚,降雨增大;上升气流减弱时,云层变薄,降雨减小或暂止。中午前后,太阳照射强烈,云层上部受热蒸发,或云层下面上升气流减弱,天顶处的云层就会裂开。随着太阳照射减弱,或云层下部上升气流加强,裂开的云层又重新聚拢变厚,因此"太阳现一现"常预示继续阴雨	"太阳笑,淋破庙""亮一亮,下一丈"等谚语类同
	日落射脚,三天内雨落	太阳从云层的空隙中射下来,称"日射脚"。傍晚出现日射脚,说明对流作用强烈,兆雨	
	星星眨眼,离雨不远	星光透过大气层时,它的强弱直接受到大气层折射的影响。星光时强时弱,忽明忽暗,反映了大气稳定性较差,或远处有不同性质的空气移来,这样未来天气将会转阴雨	
	东虹日头,西虹雨	虹是太阳光经过雨滴的折射、反射后形成的。虹在西方,说明西边的大气里有大量雨滴存在,并随着天气系统的运动,自西向东移来,未来本地会下雨。虹在东方,说明东边的大气里有大量雨滴存在,但是,东边的雨滴已随着天气系统东移过去,未来本地就不再下雨	专指我国北方地区
	日晕三更雨,月晕午时风	晕是日、月光透过高空由冰晶组成的卷层云时,由于折射、反射作用而形成的内红外紫的光环。出现晕后,卷层云后面的高层云和雨层云常会移来,所以未来将有风雨	不一定日晕主雨,月晕主风;时间上也不一定在三更或午时

三、风云可测

121

类别	谚语	简释	说明
天象	日落胭脂红，无雨便是风	晴转阴雨以前，空中水汽、尘埃显著增多，阳光中除红色光外，几乎全被散射，所以太阳光盘呈现"胭脂红"，预兆将有风雨	
	早看东南，晚看西北	白天暖空气活跃，容易从东南向西北推进；晚上冷空气相对加强，容易从西北向东南移动。所以，早晨看东南、傍晚看西北方向的天空状况，如云的演变、颜色、亮度和霞光等，通常可以预测冷、暖空气造成的云雨区是否影响本地	
	有雨山戴帽，无雨云拦腰	云盖山顶叫"山戴帽"。云围山腰叫"云拦腰"。当阴雨天气来临时，云层较低，云底盖住山顶，故兆雨；拦腰的云，一般是指夜间冷却生成的地方性云，云层不厚，故兆晴	
风	东北风，雨太公	我国东面是太平洋，如果吹东北风、东风，会把海面上的潮湿空气带到大陆上来，与此同时，高空如果吹西南风，也会把南方的潮湿空气输送到大陆，形成高空气流与地面气流方向不一致的辐合气流，就产生空气上升而形成降雨	
	春南夏北，有风必雨	春季，北方冷空气还留在我国大部地区，南方暖湿空气逐渐加强。如果某些时候暖空气很强，刮较大的南风，和冷空气相遇，暖空气就升到冷空气之上变冷凝云致雨。夏季，大陆在暖空气控制下，多吹东南风，如果这时刮强劲的偏北风，就表示有冷空气南下，它把暖空气抬高而下雨。如果暖空气中水汽很充足，往往还发生暴雨	
	一日南风三日曝，三日南风狗钻灶	春季，当南下的冷空气减弱，暖空气便乘机北上，转吹偏南风，天气有一段回暖时间，故有"一日南风三日曝"的说法。当连续吹了几天南风后，又常常是冷空气南下的预兆	
	东南风，滴溜溜，难过五更头	入春以后，如果东南风突然吹得很紧，表示海上暖湿空气比较强，很容易和北方冷空气相遇而下雨	
	东南风，燥烘烘	夏季，特别是盛夏，东南风势力相当强盛，北方冷空气势力很弱，很少下雨，在强烈的阳光照耀下，天气又干又热	

类别	谚语	简释	说明
风	南风吹到底，北风来还礼	晚秋到春末期间，当冷空气南下时，表现为一次次的冷锋天气。在冷空气南下或冷锋到达以前，本地盛吹偏南风；在冷空气南下或冷锋到达以后，本地处在冷高压前部，盛吹偏北风，而且风力较强	
	久晴西风雨，久雨西风晴	天气连续晴朗，阳光充足，当地空气变温暖，或一直在单一暖湿气流控制下，这时刮起西风或西北风，带来了干冷气流，把原先的暖湿空气抬升，就容易成云致雨。相反，天气长期阴雨，表明当地上空冷暖空气势均力敌，互不退让，这时如果刮西风或西北风，表示冷空气不断补充南下，使冷空气相对占优势，天气转晴	
	旱刮东风不雨，涝刮东风不晴	干旱时，虽一直刮暖湿的东南风，但遇不到干冷的西北风把它抬升，就不易下雨；水涝时，西北风虽不断南下，但东南风特别强，二者互相"交锋"，故仍不易转晴	
雷雾露霜	雷公先唱歌，有雨也不多	"雷公先唱歌"指的是热雷。产生热雷的积雨云范围窄，经过一个地区的时间较短促，所以"有雨也不多"	
	雷轰天顶，有雨不狠；雷轰天边，大雨连天	夏季多热雷雨，下的范围小，移动快，若先打雷后下雨，表示雷电发生在天顶或天顶附近，雷声很响。这种地方性的雷雨云很快就移过去了，下起雨来也不多，甚至不下雨，或者雨下在别处。春末夏初多锋面雷雨，下的范围广，持续时间长，所以鸣雷之后便"大雨连天"	
	一雷打九台，一雷引九台	"一雷打九台"，指的是北方冷空气南下造成的锋面雷雨。由于北方冷空气南下，促使台风移向很快转为东北，就不会继续北上侵袭本地，所以有"一雷打九台"之说。"一雷引九台"，指的是暖气团内部受热不均、气层不稳定，或因台风靠近，台风北缘切变线开始影响本地时造成的热雷雨和切变雷雨。在这两种雷雨影响下，都利于台风侵袭或影响本地，所以有"一雷引九台"之说	

金传达文集

●

星云万象

类别	谚语	简释	说明
雷雾露霜	久晴大雾阴，久阴大雾晴	久晴之后出现雾，说明有暖湿空气移来，空气潮湿，是天阴下雨的征兆，所以"久晴大雾阴"。久阴之后出现雾，表明天空中云层变薄或裂开消散，地面温度降低，遂使水汽凝结成辐射雾。待到日出以后，雾将消去，出现晴天	
	露水起晴天，霜重见晴天	露、霜都是在天晴、少云、风小稳定天气下产生的，出现露、霜往往兆晴	
	春霜不隔夜	春季天气多变，一个地方在高压控制下形成霜，但这高压很快会移走，高压后面阴雨系统接着移来，所以"春霜不隔夜"	
物象	烟囱不出烟，一定是阴天	天将阴雨时，空气湿度增大，烟囱里的烟灰吸收空中水分后，重量增加，所以上升困难。同时，阴雨天，气压一般较低，空气密度变小，烟灰相对于这密度小的空气层而言是比较重的，这又使得烟囱的烟向上冒得不通畅	
	缸穿裙，大雨淋	当空气里含的水汽已经过饱和，空气接触到水缸外壁，水汽在上面遇冷而凝结成小水珠，水缸外壁变得湿漉漉的，像穿上裙子一样，预兆天将下雨	下雨前的石板地、水泥地、石柱子返潮，道理类同
	盐出水，铁出汗，雨水不少见	天将雨时，空气中水汽很多，盐吸收了水汽会部分融化，所以盐钵回潮。含有大量水汽的空气碰到了铁，水汽在铁面上凝结成小水珠，好像人身上流的汗那样，预示天要下雨	
	腰痛，疮疤痒，大雨就在一半晌	下雨前，空气中水汽增加，人体中水分不易挥发，热量不易发散，因而引起腰痛、疮疤痒的感觉，兆雨。特别是早晨，天气一般比较清爽，但如果这时人感到闷热异常，预兆很快要下雨	
	蚂蟥浮水面，无雨也不远	天气变化前，气压猛降，气温升高，水中氧气减少，蚂蟥浮动于水面吸气，兆雨	
	泥鳅跳，风雨到	晴天，泥鳅潜伏在水底的泥浆里，呼吸水中的少许氧气生活。如果天气反常，气压变低，温度增高，水中氧气减少，泥鳅只好升到水面上吸取氧气；它长时间移动，暴躁不安，甚至跳出水面，预示不久将下雨。当它的身体漂在水面上，或头朝上浮于水面，长时间不沉下去时，表示暴雨将临；当它的身体竖起，游动剧烈，头部不时伸出水面吸气，并且很快由肛门将气体再排出时，这是大风将临的先兆	

类别	谚语	简释	说明
物象	燕子低飞，蛇过道，大雨不久要来到	大雨前，高空风大，空气潮湿，地面小虫翅膀受潮变软不能高飞，燕子趁此机会低飞，便可寻到大量的食物。同时，下雨前气流较乱，燕子得不到合适的风力抬它高飞，因此飞行时忽高忽低，掠水剪波，翻飞不定。天将下雨前，气压下降，温度升高，地面非常闷热。这时躲在阴暗处或草丛里的小动物，到处乱窜，蛇就趁此机会出洞捕食。同时蛇在洞里，也感到闷气，于是就爬到路面上来了	
	蚂蚁成群，明天勿晴	成群的蚂蚁出洞，也是因为气温高，湿度大，洞内生存条件不适合而外出，有的搬家，有的垒窝。据观察，长脚黑蚂蚁在天将转久雨时，一部分工蚁出洞寻找食料，非常忙碌，爬行很快，另一部分工蚁则扩大窠穴，向上搬土到洞口周围（即垒窝）。窝垒愈高，雨会愈大，在雨前三四小时，洞口封闭，另开一斜口通气，雨后由工蚁打开原来洞口。黄丝蚂蚁雨前很少垒窝，多是搬家，如由低处往高处搬，或堆成线，预兆未来一两天内有大雨、久雨	
	青蛙吵叫雨要到	青蛙的皮肤对天气变化的感觉特别灵。在春、夏久旱后，若气压突然下降，湿度大，高温闷热，青蛙就会跳出水面呼吸，吵叫不停，叫声大而密，不久会下雨。在阴雨刚停，湿度上升时青蛙叫声疏而清楚，预兆天气转晴	
	蛛张网，久雨必晴	蜘蛛对气压和湿度的感应很灵敏，在阴雨时，如果气压上升，湿度减小，昆虫高飞，它就张网捕食料，预兆天气要转晴。当气压下降，湿度增大时，昆虫低飞，它就无法捕得食料，同时雨会把网打坏，它就收网了	
	鸡愁雨，鸭愁风	鸡喜干燥怕潮湿。晴天的傍晚，鸡入笼迟，预示天将雨。因为空气湿度变大，气压降低，昆虫翅膀因潮湿被迫贴着地面飞，鸡为了觅食，往往不愿意入笼。同时，鸡的全身是羽毛，这时，笼里又闷又热，很不舒服，所以也迟迟不愿回笼。相反，久雨转晴时，空气里的水汽减少，气压回升，鸡感到轻松，就要高飞或满地跑，公鸡更会站在高处啼鸣。鸭的情况相反，喜潮湿怕干燥。晴天鸭提早入笼，说明空气湿度大，满足了鸭的生活要求，预兆天气要雨；若相反，说明空气干燥，天将久晴	

类别	谚语	简释	说明
物象	天气阴不阴，摸摸老烟筋	烟叶对湿度大小反映很敏锐。当烟叶发脆时，预示天气转晴，阴天烟叶发软，雨天烟叶发黏	
长期预报	上看初二、三，下看十五、六	农历每月初二、初三和十五、十六，正是月球对地球的引力最大的时候。在月球引力作用下，海水每月有两次涨潮，同样大气也可能造成周期性波动，使得以半月为周期的天气变化明显起来。因此，上半月天气主要看初二、初三，下半月天气主要看十五、十六	
	春雪后120天有暴	"暴"，指的是比较明显的大风和降水。春天下雪，常常是由于北方有较明显的冷空气南下，与北上的暖湿空气交汇而形成的。与此对应，隔一定时间后，将有一次基本类同的重复过程，有比较明显的风雨天气出现	
	水九旱三春	"水九"，指从冬至日开始的数"九"天雨水偏多，说明南方暖湿空气活跃，这是不正常的。当入春后，暖湿空气反而容易减退，冷空气相对加强，本地被西北气流所控制，形成"旱三春"	
	二月干一干，三月宽一宽	阴历二月少雨，三月雨水要多。这种情况，多半是由于各年大气环流特点不同所造成的。有的年份，由冬入春的季节性转变较迟，虽到农历二月，但东亚上空仍似隆冬，为西北气流控制，雨水偏少；到农历三月，东亚上空逐渐转为西南气流，南方暖湿空气开始活跃，雨水增多。但有的年份情况完全相反	
	立春雨淋淋，阴阴湿湿到清明	各年大气环流的特点不同，从隆冬少雨开始向春雨增多转折的时间迟早就不一样。有的年份，在立春或立春前后，高空环流就有转变的趋势，南方暖湿空气开始活跃，出现阴雨天气。这种阴雨过程持续较长，阴湿天气较多，一直持续到清明	

类别	谚语	简释	说明
长期预报	寒水枯，春水铺；春水铺，夏水枯	"枯"指雨水较正常年份偏少；"铺"指雨水较正常年份偏多。如果冬季雨水偏少，则春雨将偏多，若春雨偏多，则夏雨将偏多。由于大气处于永不停息的运动中，所以，一定时期内的大气环流相对稳定的形势总要被破坏，并向反面转化。冬季，如果东亚上空经常维持强劲干冷的西北气流，长江下游地区会出现持续干旱，就是"寒水枯"的现象。在一般情况下，到春季，这股强劲干冷的西北气流逐渐减弱消失，被暖湿的西南气流所代替，就会出现连绵阴雨天气，形成"春水铺"。同样，春季若维持一个多雨的大气环流形势，一旦进入夏季，又遭破坏，向另一方向转化，维持一个少雨的大气环流形势，就会造成"夏水枯"。"枯"与"铺"互相转化，不断交替	
	发尽桃花水，必是旱黄梅	桃花水偏多，常常标志着春季太平洋上的副热带高压比常年强盛，暖湿空气较活跃，在桃花开放的时候，就在长江中下游跟北方南下的冷空气"交锋"，以致桃花水发尽。而到了六月份，"副高"或向北移入淮河流域以北，或相对减弱南撤，致使梅雨偏少或开始较晚	
	小暑热得透，大暑凉飕飕	在"副高"脊线附近，高空下沉气流最强，地面风速最小，天气晴朗，气温剧烈上升。若梅雨结束较早或"副高"势力较强，小暑节气"副高"脊线移到了长江下游上空，出现高温天气。但是，到了大暑节气，随着"副高"再次北跳，长江下游处在"副高"南侧的东风带里，地面盛吹从海上来的凉爽的偏东风。同时，随着"副高"北跳，台风也开始影响我国东南沿海地区，所以，小暑热得透，大暑反而凉飕飕了	
	重阳无雨看十三，十三无雨一冬干	进入晚秋，北方冷空气不断南下，如果重阳节和十三四日天气都晴好，说明原来的暖湿空气已完全退却，本地受北方冷高压控制，以后雨水将显著减少，出现"冬干"	

三、风云可测

127

续表

类别	谚语	简释	说明
长期 预报	干净冬至邋遢年，邋遢冬至干净年	干净，指晴朗的意思；邋遢，俗指阴雨的意思。冬至日（包括前后各一天）晴朗，立春日（包括前后各一天）将有阴雨；相反，冬至日阴雨的，立春日将晴朗	
	冷得足，晴得长	秋冬季节，一次强冷空气南下时，温度很低，偏北大风又强，预示往后要连晴多天	

"东风送湿西风干，南风吹暖北风寒"，说明不同的风，带来冷暖、干湿的不同状况，也就产生不同的天气变化。但同样的风也并不一定出现同样的天气。在冬半年，冷空气强于暖空气，西北风常把锋面推向南方海洋，本地在单一的冷空气控制下，天气晴朗，正像谚语所说"西北风开天锁""秋后北风田里干""春西北，晒破头；冬西北，必转晴"；如果这时刮起东南风，但刮不长，这就是"北风不受南风欺""南风吹到底，北风来还礼"，预示着锋面活动影响本地，天将变阴，"要问雨远近，但看东南风""东南紧一紧，下雨快得很"。在夏季，暖空气强于冷空气，东南风一吹，锋面被推向北方，本地在单一的暖空气控制下，空气缺乏上升运动的条件，所以，"一年三季东风雨，独有夏季东风晴"，要是在副热带高压的控制下，则"东南风，燥烘烘"了。如果夏季吹西北风，反而预示下雨，所以有"冬西晴，夏西雨""夏雨北风生"的说法。

雷、雾、露、霜等天气现象，都是在一定天气系统影响下产生的。根据这些天气现象出现前后的不同情况，可以预测天气。出现雾、露、霜多半表明大气层稳定，故有"十雾九晴""露水起晴天""霜重见晴天"的说法。若早晨出现浓霜，表明本地处在冷高压中心附近，这一天晴好。若霜后风向急转东南，说明冷高压已经东移，高压后面的低压系统将移入本地，天气要转阴，"霜后东风一日晴""霜后南风连夜雨"，就是说的这种天气情况。

天气变化直接影响着生物和其他物体产生各种反应，根据这些反应预测天气，叫物象测天。当晴天要转阴雨时，气压下降，温度升高，湿度增大，天气闷热，某些生物和器具会出现异常反应，例如，蚂蚁大搬家（上搬有雨下搬晴）、蜻蜓成群低飞、蜘蛛收网、蜜蜂少出早归、蚂蟥浮游水面、泥鳅翻水、鱼打花、癞蛤蟆出洞、燕子擦地飞、鸡入笼迟、鸭入笼早、咸菜缸里翻泡泡、烟叶、海带返潮、石板、水泥地、墙壁、水缸、盐钵回潮、烟不出屋，山戴帽，等等。雨后气压上升，湿度减低转晴，则出现与上面相反的物象，如燕高飞，蜜蜂出窝远飞，蜘蛛张网早，炊烟直上，等等。

　　长期预报方面的谚语，主要是反映天气变化的相关、周期和韵律等现象的。"相关"是指上下季节、节气或隔一两个季节、节气的冷、暖、干、湿等天气气候特征之间的相互关系，例如"发尽桃花水，必是旱黄梅"这条谚语，是反映桃花水（4月份）与梅雨（6月份）之间的相关性。"周期"是指某一主要气压系统影响下所形成的较长期的天气过程，例如"上看初二、三，下看十五、六"，是反映以半个月左右为周期的过程性天气。"韵律"是指某一种天气现象出现后，间隔一定时间，对应有另一种天气现象出现，例如"春雪后120天有暴"，是反映春雪与夏秋暴雨之间120天韵律关系的。相关、周期和韵律三者之间是相互联系的。利用前期天气气候特点来预测未来较长时间的天气，其内在的物理演变过程比较复杂，所以，直到目前为止，人们认识得还不够，有待进一步探索。

　　天气变化万千。我们在收集和运用天气谚语时，要注意它的地区性和季节性，结合当地天气预报、群众看天经验，不断总结，科学验证，摸索规律，以便比较准确地预测天气，更好地为农业生产服务。

（四）异常天气　预防措施

异常天气，又称为灾害性天气。这类天气包括寒潮、霜冻、台风、雷电、龙卷、冰雹、干热风、旱涝等。它们会给生产建设事业和人畜带来危害。但有时它们也给人们带来一点好处。如台风雨给长江中下游"伏旱"地区送来了甘霖；寒潮带来的大雪，能保护越冬作物安全越冬；严寒低温，能锻炼作物的耐寒性，杀死某些害虫；等等。目前，气象台站一般都能预测出灾害性天气出现的时间，及时发布有关报告和警报，气象哨、组还可根据当地的天气情况，做补充预报。我们了解了异常天气的变化情况，便可利用其有利的一面，设法预防和克服其不利的一面，夺取农业的稳产高产。

1. 御寒潮

什么是寒潮　寒潮，就是北方的冷空气大规模地像潮水一样向南爆发，造成大范围内急剧降温和偏北大风等剧烈天气过程。我国气象部门曾规定，冷空气入侵造成的降温，一天内达 10℃ 以上，当地最低气温 5℃ 以下，则称此冷空气影响过程为一次寒潮过程。因此并不是每一次冷空气南下都称作寒潮。

影响东亚的寒潮，来源于北冰洋、西伯利亚等地。那一带，一年到头阳光斜射，地面得到的热量很少，尤其是冬季，黑夜漫长，地面所放出的热量远远超过所吸收的热量，地表温度非常低，到处冰天雪地。如北冰洋地区，冬天的温度经常在 −20℃ 以下，1 月份平均温度可达 −40℃。西伯利亚等地，1 月份平均温度也在 −20℃。西伯利亚东北角的雅纳河一带温度更低，奥伊米亚康曾出现过 −71℃ 以下的低温。当北冰洋地区的冷空气，移动到西伯利亚以后，往往又停留下来，这些空气就像贮存在一个天然的大冰窖里一样，越堆越多，压力越来越大。这样，在西伯利亚等地，在数十万平方千米面积上，就逐渐形成一个寒冷的高气压，正如水往低处流一样，一遇机会，它便向气压低的地方冲去。当南方暖空气某一处的阻挡力量较弱时，冷空气就从这个缺口倾泻而来，这就是冷空气活动或寒潮爆发。每一次寒潮爆发以后，西伯利亚的冷空气减少了一部分，气压就有所降低。但经过一个时期后，一次新的寒潮就又爆发南下。

防御寒潮 寒潮造成的灾害，主要是气温急剧下降而产生的暴冷、严寒和霜冻，以及大风、沙暴等引起的。晚秋，受寒潮影响而出现的早霜冻和雨雪天气，能使正在生长发育的水稻、棉花、甘薯、高粱、谷子、大豆等喜温作物停止生长，或造成冻害。早春，寒潮带来的晚霜冻，会使已经开始返青的小麦幼苗、油菜等遭受冻害。晚春，有时冷空气南下，江南地区出现低温连阴雨天气，会造成烂秧。因此，在寒潮活动季节，必须及时做好防御工作。

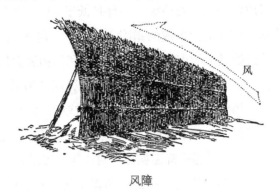

风障

寒潮的活动季节长，防御寒潮是一项复杂的经常性的工作。小面积育苗地、菜畦等，一般可采用温室、冷床、风障和覆盖塑料薄膜等措施，防寒防冻。风障，就是用高粱秆、玉米秆、稻草或芦苇做的篱笆，围在菜畦北面（稍向南倾斜），抵挡或削弱寒风侵袭。温室的屋面和门窗都用玻璃（或塑料薄膜），这样可以充分透光，拦截地面热量放出，隔断外面冷风的侵入，保温增温效果好。冷床一般用土墙（或砖墙）做成，后墙高1尺5寸（1尺 ≈0.33 米，1 寸 ≈0.033 米，下同），前墙高四五寸，向南倾斜，上面盖玻璃或草席。温床的构造和冷床大致相同，所不同的是床土下面埋置能发酵生热的厩肥，床土上面覆盖草木灰等，保温效果比冷床更好。在大田生产中，目前我国北方地区正在试验利用大型充气塑料棚栽培作物，如用风障结合塑料棚进行大面积水稻、棉花阳畦育苗。此外，采取压土、壅根培土等办法也能防止作物受冻。

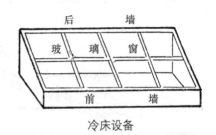

冷床设备

2. 防霜冻

霜冻的形成 平常我们所说的霜与霜冻是两回事。霜是指气温降到0℃左右，近地面空气层中的水汽在地面和物体表面上凝结成的一种白色小冰晶，称为"白霜"。霜冻是在较暖季节里，近地面气温骤然降低到0℃以下使作物遭受冻害或死亡的一种严寒现象。发生霜冻时，如果空气中水汽很少，不一定凝霜，但对作物也有危害，没有霜的霜冻又叫"黑霜"。

气温骤降是形成霜冻的主要原因。一种是低于0℃的冷空气从北方侵袭过来，呈水平流动，广大地面形成的霜冻，叫"平流霜冻"。另一种是在寒冷、晴朗、无风（或微风）的夜间或早晨，地面和作物表面强烈地向外辐射热能，使近地面空气冷却到0℃以下出现的霜冻，叫"辐射霜冻"。一般常见的霜冻是受平流、辐射两种作用综合影响而形成的，就是冷空气从北方侵袭过来，地面温度降低，再加上夜间地面散热冷却而形成的霜冻，又叫平流辐射霜冻或混合霜冻。这种霜冻降温剧烈，对作物危害最大。

在我国，越往北，年平均温度越低，初霜（秋季的早霜）出现得越早，终霜（春季的晚霜）结束得越迟，即霜期愈长。东北、内蒙古一带初霜冻出现在9月上旬至10月上旬，终霜冻结束在4月中旬至5月中、下旬，无霜期在200天以下。华北一带初霜冻出现在10月上旬至11月上、中旬，终霜冻结束在3月中旬至4月上、中旬，无霜期为200～250天。长江流域一带初霜冻出现在11月下旬至12月上旬，终霜冻结束在2月下旬至3月中旬，无霜期为250～300天左右。不过由于每年的气候情况不同，各地初、终霜冻日期就有早有迟，无霜期也不一致。在东南沿海和华南地区，一般说是终年无霜的，但当寒潮势力极强时，一些地方也可有短时的霜冻出现。

霜冻的发生、持续时间及其强度，与天气、地形、地表性质有密切关系。天气晴朗、微风、湿度小的夜间，地面空气强烈冷却，容易形成霜冻。谷（洼）地，风速小，冷空气容易下沉，降温快，霜冻重。俗话说"雪落高山霜打洼"，就是这个道理。坡地的不同部位霜冻程度也不同。

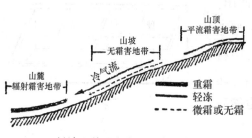

斜坡上的霜害和无霜害地带

山坡中部霜冻最轻，顶部次之，下部最重。这是因为冷空气不易在山坡上停留，而易下沉到山坡下部的缘故。就坡向来说，北坡比南坡霜冻较重，因为北

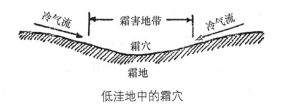

低洼地中的霜穴

坡易受南下冷空气的侵袭，气温较低，而南坡吸收太阳辐射比北坡多，又背风，散热少，气温比较高。

地表性质对霜冻强度影响很大。如干燥、疏松、沙性土壤，热容量小，夜间散热快，霜冻要重一些。当冷空气经过水塘、村庄时，会变得暖湿些，再加上风速减小，因此，在水塘和村庄的下风方向，霜冻较轻。靠近塘边、河边、湖边的地方，夜里受到水面上流来的暖空气的调节，温度下降比较慢，就不易发生霜冻。

霜冻的危害及预防　霜冻主要对农业生产有威胁，特别是以初、终霜冻危害最大。这是因为，霜冻时温度降到0℃以下，作物细胞内与细胞间隙中的水分便结冰。水结冰后，体积增大，产生一种压力，使细胞中的水分不断向外渗透，引起细胞脱水，原生质凝固，发生机械损伤，造成作物部分枯萎或完全死亡。另外，出现霜冻时，土壤常常冻裂，寒气从裂缝中进入泥土，会把作物根部冻坏。

霜冻对作物危害的轻重，与作物品种的抗寒性、发育生长情况，以及霜冻的持续时间和温度变化有关。有的作物抗寒能力强，能经受–10～–7℃的低温，如小麦、油菜、蚕豆等；有的作物抗寒能力弱，就是–1℃左右的低温也不能忍受，如棉花、水稻、瓜类等。从作物发育阶段上说，一般在开花期和成熟期容易遭受冻害。如当温度下降到–2～–1℃时，作物的花蕾和花会大半死亡。但幼苗期，耐寒力反而比较强一些。持续时间长的霜冻比持续时间短的霜冻危害大，温度猛升暴降比微升缓降更易引起作物死亡。

霜冻对作物虽然有危害，但并不可怕。目前，气象台、站一般可以预测出霜冻出现的时间，及时发布降温报告或霜冻警报。各地气象哨、组除注意收听气象广播外，还可根据当地的天气情况判断霜冻出现的时间，及时采取预防措施。如果当地晚上天空无云，或云正在消散，风又不大，温度下降较快，那么出现霜冻的可能性就较大。要准确地预测当天夜里会不会发生霜冻还可用温度表观测。把温度表平搁在同作物一样高的田间树杈上，太阳下山

三、风云可测

时开始观测，若每小时温度下降1℃以上，半夜后天气照样晴朗微风的话，天明以前就很可能出现霜冻。如果没有温度表，也可把一块无锈的铁器（如铁锹、铁板、斧头等）放在比较低洼的田里，当看到上面凝霜时，天气仍然晴朗、风微，就表明大约1小时后会出现霜冻，应当尽快预防。

防御霜冻的方法，主要是提高田间温度，经常采用的方法有灌水、遮盖、施肥、挡风等。

灌水法，就是在霜冻来临前，田里灌满水，增加近地面层空气湿度，保护地面热量不散失，提高空气温度。同时，由于水的热容量大，降温慢，田间温度也不致很快下降。灌水一般可使空气温度升高2℃左右。

遮盖法，就是在小面积的经济作物或蔬菜地里，盖上稻草、麦秆、杂草、草木灰、尼龙纸等，既可防止外面冷空气的侵袭，又能减少地里热量向外散失。一般也能使气温提高1～2℃。

施肥法，就是在霜冻来临前三四天，在田里施上厩肥、堆肥和草木灰等，既能提高地温，又能增加土壤团粒结构，提高土壤肥力。浇水是防止蔬菜受冻的好方法。霜前浇水，不仅具有灌水法的好处，还能提高地面温度。因为土壤潮湿后，能使土壤下层的热量传到上面来，使地面温度升高2℃左右。

挡风就是用高粱秆、玉米秆等编成篱笆，设置在上风头。营造防护林带挡风，效果更好。

除以上直接防御霜冻的方法，还可采取农业技术措施。如选育抗寒早熟品种，适时早播，避开霜冻危害期，按地形特点合理安排作物布局，都是行之有效的方法。

霜冻前的防御工作既然重要，霜冻后的田间管理更应重视，特别是受冻害的作物，要及时追肥、浇水，松土，使其很快地恢复生长能力，抗灾夺丰收。

3. 战台风

什么是台风 台风是热带海洋上发生的一种猛烈的风暴。这种风暴，如果从上往下看，它是一个近于圆形的空气大旋涡。它的直径有数百千米到1000千米。

台风是一个空气大旋涡，好像水流漩涡一样

这个旋涡的空气绕着中心区急速回转，但进不到中心区，于是形成了一个直径10~30千米的"台风眼"。眼区周围是又厚又重的螺旋状云墙，一般高达10千米以上，为狂风暴雨区域。云墙的外缘，云随风飘，或被风吹散，一般只有阵风阵雨。所以整个台风，既像一个大漏斗，又像一个大蘑菇。

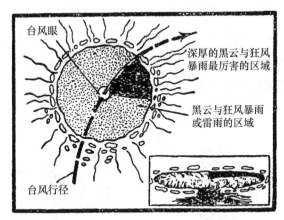

台风的结构（从空中和正面看）

台风因发生地区不同，有不同的名称。在东亚地区习惯称为台风，在大西洋称为飓风，在印度洋称为旋风（或风暴），在澳大利亚称威利。据统计，1949—1969年，西太平洋上（包括南海）生成的台风，平均每年约有29个，多时达40个（1967年），少时20个（1951年）。其中在我国登陆的台风平均每年8次，7—9月登陆的超过5次，登陆最早的是5月11日（1954年），最晚的是11月27日（1952年）。

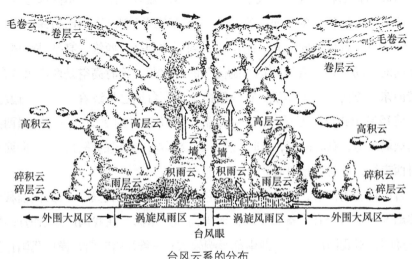

台风云系的分布

影响我国的台风，大约有三分之二来源于菲律宾群岛东南的海面上，三分之一来源于我国西沙群岛和菲律宾的吕宋岛之间的海面上。因为那里靠近赤道，太阳光一年到头像火一样地照射着，海水温度很高，海面上的空气被海水烘得很热，并含有大量的水汽。这种湿热空气膨胀变轻，急速上升，遇冷凝结成云雨，又放出大量的热，这样空气的含热量更大，上升更快，就形成一个低气压中心。四周较凉爽的空气迅速地向低压中心流动，在地球由西向东自转偏向力的作用下，便形成强烈的按逆时针旋转的空气旋涡。这个空气旋涡，又在东北信风和西南信风的合力影响下，越转越强大，结果就发展成台风。

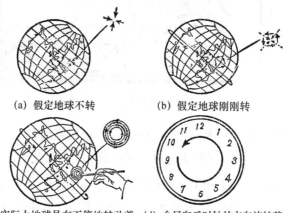

(a) 假定地球不转　　(b) 假定地球刚刚转

(c) 实际上地球是在不停地转动着　(d) 台风向反时钟的方向旋转着

地球偏向力对风向变化的影响

台风的移动和路径　西太平洋台风的移动随着"副高"不同部位高空风向的改变，台风移动的方向也改变。当台风移到"副高"西南边缘，高空风向为东南风，台风就向西北方向运动；到了"副高"西缘，高空是南风，台风就向北运动；最后台风到达"副高"的西北角，这时高空是西南风，台风就转向东北方向。这就是说，在一般情况下，台风总是绕着"副高"边缘运动，路径呈半圆形。但是，由于"副高"的位置时刻变动，忽而加强西进，忽而减弱东退，有时南移，有时北上，这就影响了台风的路径，有时向西行，有时西南行，有时原地打转。

台风移动的情形，好像小孩玩的陀螺一样，一边自己转，一边向前移动。它移动的主要路径有三条；一条由源地向西经南海，在我国广东沿海或越南沿海登陆，对我国广东、广西南部影响较大；一条开始向西，横穿我国台湾，在福建、浙江、上海和江苏沿海一带登陆，或不登陆而在近海岸地区移动，对我国东南沿海影响最大；再一条从源地直向西北，再转向东北朝日本移去，对我国影响较小。在6月份前或9月份后，台风主要走前后两条路径，7—8月多取中间的一条路径。

台风沿着高压带的边缘移动

　　台风移动的速度，在离开菲律宾以东海面时，只相当于自行车的速度（每小时15～20千米），此后速度逐渐加快，但在转换方向时，速度又变慢，和马车的速度差不多（每小时10千米）。可是，在转向东北方向移动时，速度又飞快增加，相当于火车的速度（每小时40～60千米）。台风从源地移至我国东部，一般需要6天左右的时间，最快的只要1天。台风伸进我国大陆的距离，一般是100千米左右，最大是400千米。台风登陆后，地面摩擦力加大，水热来源减少，两三天后便逐渐消失。但也有的台风登陆后再次出海，继续加强。

　　每年5—11月是台风季节，尤其以7、8、9三个月为盛。这时我国北起辽宁，南至广东、广西沿海一带都受台风影响。5月份，台风一般在汕头以南沿海登陆；6月以后，登陆点向北扩大到温州，7月在温州以北登陆的次数增多；8月登陆范围最广，多集中在浙闽两省。8月下旬登陆点开始南移，10月以后，温州以北登陆的台风很少见，11月以后，汕头以北不再受台风的影响。台风登陆地点，大约50%在汕头和温州之间，35%在汕头以南，15%在温州以北。

　　在台风季节里，为使各方面及时掌握台风的动向，做好防御准备，中央气象台对可能影响到我国的台风，都及时发布台风消息，引起大家注意。各地气象台、站根据台风的动向，预计在48小时内可能影响到本地区时，就发布台风预警。同时还根据当年台风发生时间的先后，统一编号。当北纬10度以北、东经140度以西的西北太平洋地区和南海地区出现了台风，其中心风速大于或等于每秒18米（相当8级风），那就给编一个号码。这里有两种情况，一种是在上述地区内产生的台风，风力达8级以上；一种是在上述地区以外产生而后移入这个区域的台风，风力达8级以上。

　　港口台风信号　当气象台预计将有台风到来时，除了通过媒体及时发布台风消息和警报外，还立即同港务监督部门联系，在港口信号台及时悬挂各种各样的台风信号，以便广大群众根据不同的信号标志，及早采取有效防御措施，战胜自然灾害。

台风信号总共有五级。随着台风的活动情况，信号随时变换。"T"是台风的注意信号，它表示台风在 48 小时内可能临近本港及附近地区，看到这种信号，就应立即做好一切准备工作。如果悬挂"○"信号，就表示本港在 24 小时内将受到 6~7 级强风的侵袭。如果在 12 小时内本港风力将达到 8 级以上时，就改挂"△"的大风信号。"+"是表示 12 级以上的强台风即将到达本港和附近地区。凡是遇到不是台风所造成的大风，在 6 小时内可能在本港出现，则悬挂"◇"的信号。

如果在夜间，就用不同颜色的灯光来表示台风信号。例如，注意信号是在旗杆上垂直悬挂三盏白色的环照灯，照距五浬（1 海里＝1.852 千米）。强风信号是悬挂白、绿、白三盏号灯。大风信号依照风力大小，分别挂白、绿、绿，绿、白、白，白、白、绿，绿、绿、绿等号灯。台风紧急信号是绿、绿、红灯。

我国沿海各重要港口如上海、大连、青岛、广州等地都有台风信号设备。另外，沿海各捕鱼区域也设立了很多暴风警报站，悬挂简单的台风信号，一般只有"T""○""△"三种。

预测台风　在离台风中心大约 1000 千米的海面上，能看到从台风中心传播出来的一种特殊的长浪：浪顶很圆滑，浪头比较低而一致（一般高 1~2 米），浪头与浪头之间的距离比一般的波浪长，浪声沉重，节拍缓慢。这种海浪逼近海岸时，浪顶最高的地方，就是台风前进的方向。

在离开台风中心 500~600 千米的海面上，可以看到东方天边出现一种乱丝般的白色明亮的薄云，从地平线上像扇子一样散射出来（辐辏状卷云），有六七千米高，而且早晨或晚上天空出现美丽的彩霞。这种云彩的方向，一般就是台风移动的方向。在离开台风中心 300~400 千米的地方，原来乱丝状的云彩，逐渐变得厚密，成为高层云。以后随着台风中心越来越近，高层云下面又出现一团团黑色的大云块和破絮般的灰白色低云，从头顶

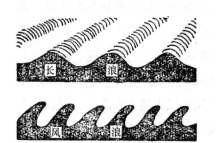

长浪与普通浪的区别

飞过。这时，人面朝着天空飞云的方向站着，右手向右平伸所指的方向，就是当时台风中心所在的方向。如当台风位于东南方向时，低云常从东北方向吹来，这时右手指向东南方，即台风中心所在的方向。当低云来的方向逐渐转为正北方，右手指的方向也跟着从东南转到正东方，这说明台风正在朝偏北方向移去。

沿海渔民还有这样一条经验，就是台风到来以前，海水里会泛出一股腥味。这是因为，台风这个巨大的空气旋涡，常常能直冲到海底，把原来海底的海水挤向四周，一直推到台风的边缘，升上海面。同时，也就把海底沉积着的许多鱼类的尸体等腐败物质带到海面，所以海水有一股腥味。此外，在沿海地区，如果发现海鸟成群飞来，就是告诉我们台风快要来了。这是因为台风区域狂风暴雨，海浪滔天，海鸟既不能寻找食物，又无法安身，所以只好远远地避开台风，飞向岸边。

经常注意海上天象、物象的变化，虽可以判断台风的情况，但不一定十分可靠，还应当特别关注当地的天气预报，结合天气形势分析，以便准确地掌握台风的出没和行踪，做好防御准备工作。

防御台风　台风是一种猛烈的灾害性天气。我国气象部门规定，台风近中心风力在 12 级以上的称为"强台风"，8—11 级的称为"台风"，6—7 级的称为"弱台风"（也叫热带低压）。台风中心的大风分布不是均匀对称的。在台风外围，它前进方向的右侧常是太平洋副热带高压脊的边缘，气压差比其他部位大，所以是台风风力最大的部位。相反，台风前进方向的左前方则往往是风力相对较小的地方，这是通常轮船避风的所谓"可航象限"或称"可航半圆"。靠近台风中心，风力一般都可达到 10 级，甚至 12 级以上。

台风带来的狂风暴雨能吹倒庄稼、树木，毁坏房屋建筑，中断交通，造成山洪暴发和内涝。在沿海一带，海水倒灌，海啸发生，冲毁堤坝、码头。在海上，台风激起的风浪很大，风力 7 级时，浪高 4 米，风力达 12 级时，浪高可达 14 米，严重威胁着海上的正常航行。因此台风给工农业生产和交通运输带来一定损害。

台风虽然有很大的破坏性，但也有有利的一面。如前所述，当夏、秋季出现干旱时，台风雨往往就是农田用水的重要来源。因此对台风既要防御不利的一面，又要善于利用有利的一面。

新中国成立后，党和人民政府十分重视台风的防御工作。每当台风季节，气象台、站及时提供准确的预报，事前事后积极做好防御和抢救工作，台风灾害大大减轻，甚至创造了大灾之年获得大丰收的人间奇迹。

广大劳动人民在战台风的过程中，积累了许多防台抗台的经验。如台风来临前，海上船舶能迅速绕航避开台风，或到附近的港湾避风。陆上的建筑物采取加固措施。矿山、水库事先适当放水，防止暴雨形成的洪水冲毁堤坝。在农业上，及时疏通田里的排水沟，防止作物受淹。对已成熟的作物组织抢收，未成熟的作物可三五棵一组绑扎起来，防止吹倒；番茄、豇豆等蔬菜作物的棚架要加固，防止倒塌；植株不太高的作物，及时壅土，增加作物的抗风能力。台风过去后，加强田间管理，适当追施肥料，促进作物正常生长。

防御台风的措施

新中国成立以来，沿海地区建造了一系列抗风、防洪设施，如营造了大片防护林，兴建了许多海矿堤坝，普遍建立气象台、站、哨（组）服务网，加强了对台风的监测和预报，进一步提高了抗御台风的能力。此外，在台风的探测、科研和联防服务等方面，也取得了显著成绩。

4. 消冰雹

什么是冰雹　冰雹是从发展强盛的积雨云[①]中降落下来的大大小小的冰块或冰球。有的像黄豆、豌豆那么大，有的像鸡蛋、拳头那么大。它的中心有一颗微小的白色冰粒，叫作雹心，周围包着多层的透明和不透明的冰层，但最外面一层总是透明的。这样交叠起来，就形成了一个冰雹。

----

① 下冰雹的积雨云又称为"冰雹云"。

温暖季节里，在空气对流发展强盛的午后，积雨云可以一直伸展到10000米以上的高空。在这种高度，气温常常低到 –50℃左右。这时云体的下部是暖云，主要是水滴；上部是冷云，主要是冰晶、小雪花和过冷水滴。在这种既有水滴又有冰晶、雪花的混合云中，水汽容易直接凝华在冰晶上，使冰晶迅速增大为冰粒。冰粒长大到 0.1 毫米左右时，随着云中起伏的气流上下翻腾，有时被抬到云的上部，有时又降至云的下部。当它被抬到云的上部时，就与过冷水滴碰合，冻上一层不透明的冰层；当它降到云的下部时，过冷水滴冻结较慢，冰粒上面又结上一层透明的冰层。这样，冰粒不断上升下降，就形成了雹心周围很多透明冰和不透明冰相间的层次，并且像滚雪球似的越滚越大，最后增大到云中上升气流托不住的时候，便下降到地面，这就是冰雹。

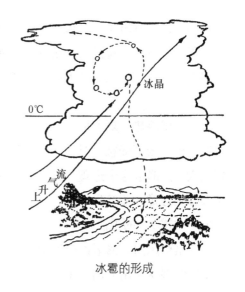

冰雹的形成

在积雨云里，只有上升气流最猛烈（达到每秒 15 米以上），而且是时强时弱的那些部分，才有可能形成冰雹。因为没有不均匀的上升气流，就不可能把丰富的水汽（达到每立方米 10～20 克以上）送到很冷的高空（超过8 千米），凝结成霰粒（即雹心），然后再让它上下翻滚结上一层层的冰壳。有冰雹的积雨云，真正下冰雹的部分，通常只有三五千米宽，有的更窄一些。这种云可以移动几十到几百千米，所以，作物受雹害的地区常常是一条狭长的地带。这就是人们常说的"雹打一条线"的道理。

在我国，冰雹大多出现在 4—10 月份。其中，西北，华北等地多出现在7—8 月份，江淮地区多出现在 5—6 月份。一天之内，下午到傍晚冰雹发生机会最多。冰雹出现的地区，山地多于平原，北方多于南方，内陆多于沿海。这和大规模冷空气活动及地形影响有关。我国冰雹最多的地方是青藏高原，每年一般出现 10～20 次，青海玉树、温泉之间多达 30 次以上。其次是新疆、甘肃、山西、内蒙古、河北等省（自治区）的部分山区，每年出现冰雹 5 次以上。陕北高原和云贵高原平均每年 2～3 次，江淮地区的苏北和皖西、浙江等山地也常有出现。广东、福建冰雹就极为少见。

预测冰雹 冰雹的出现很突然，降雹的范围又小，事先进行预报还有一定困难。但是，我国劳动人民通过长期的看天实践，积累了丰富的预测冰雹的经验。

一是感冷热。夏天早晨凉，潮气大，中午太阳辐射强烈，造成空气对流，易产生雷雨云而降雹。"早晨凉飕飕，下午冰雹打破头""早上露水大，后晌冰雹大"，都是这个道理。此外，在下冰雹的前天或当天，天气热得反常，使人感到好像在蒸笼里一样，这样的天气，也容易下冰雹，有"过头热，下冰蛋（冰雹）"的说法。

二是辨风向。谚语说"不刮东风不天潮，不刮南风不下雹"。这是因为，暖湿空气多从东南方向吹来，它是形成冰雹的一个条件。当风向转成西北或北风，风力加大，冰雹即伴随而来。冰雹来时，风大而急，风向很乱，且成旋涡，但雨不大，如一降大雨，冰雹立即减弱，甚至停止。

三是看云色。冰雹云的颜色先是顶白底黑，而后云中出现红色，形成白、黑、红的乱绞的云丝，云边呈土黄色。黑色是阳光透不过云体所造成，白色是云体对阳光无选择散射或反射的结果，红黄色是云中某些云滴（直径在千分之一到百分之一毫米之间）对阳光进行选择性散射的现象。有时雨云也呈现淡黄色，但云色均匀，不乱翻腾。民间有不少谚语是从云色来说明下冰雹前兆的，如"不怕云里黑，就怕云里黑夹红，最怕黄云下面长白虫"（内蒙古河套），"黄云翻，冰雹天；乱搅云，雹成群；云打架，雹要下""黑云黄云土红云，翻来覆去乱搅云，多有雹子灾严重"（山西灵丘）。还有不少谚语是从云形来说明下冰雹前兆的，如"午后黑云滚成团，风雨冰雹一齐来""天黄闷热乌云翻，天河水吼防冰蛋"等，说明当时空气对流强盛，云块发展迅猛，好像浓烟一股股地直往上冲，云层上下前后翻滚，这种云容易下冰雹。

四是听雷声。雷声清脆的炸雷，一般不会下冰雹。如果雷声隆隆，拖得很长，连续地响个不停，声音又沉闷，像推磨一样，就会有冰雹。这是因为，雹云中横闪比竖闪频数高，范围广，闪电的各部分发出的雷声和回声混杂在一起，听起来就有连续不断的感觉，仿佛是一连串雷声。此外，冰雹云来时还有一种吼声，是云中无数雪珠和冰雹在翻滚时与空气做相对运动所发生的声音，仿佛挥动细棒而发出呼呼的声音。

五是识闪电。一般冰雹云的闪电大多是横闪。横闪是云中或云与云之间的闪电，说明云中形成冰雹的过程进行得很厉害。因为冰雹形成过程中，云中正负电中心分离，电位差不断变大，最后大到可以击穿其间的大气，发生强烈放电现象，这就是横闪。竖闪一般发生在云和地面之间，下冰雹的机会少。

六是观物象。看物象预测冰雹的经验也很多。如贵州大方、赤章和山西灵丘县有"鸿雁飞得低，要防白雨""柳叶翻，雹子天""牛羊中午不卧梁，下午雹子须提防""草心出白珠，下午雹临头"等农谚。

防御冰雹　冰雹对农业生产的威胁大。它常常打坏庄稼，危及人畜安全。冰雹为害的轻重除与降雹的强度、时间和雹的大小有关外，与作物的发育阶段也有关。作物在发育初期（幼苗期）到形成结实器以前，受害较轻；开花期及果实成熟期，受害最大，折断茎秆和枝条，打落花果，造成严重减产，甚至颗粒无收。因此，我们需要认真对待冰雹。

我国劳动人民在长期实践中积累了丰富的防雹经验，可概括为四个字，即：避、防、抗、消。

避，就是根据冰雹出现季节，考虑让作物躲过冰雹危害期、即种植早熟品种，或尽可能提早播种，如小麦。对于降雹较多的地区，应尽量种植抗害性强的作物，像硬秆作物如玉米、谷子等，以及块根作物如白薯、土豆等。

防，就是当预知要出现冰雹时，苗小的作物要搭防雹棚。已黄熟的作物，要抢收。秧田、山芋苗等可采用灌水、覆盖等保护办法。

抗，就是对已受冰雹袭击的作物，如玉米、高粱、谷子等，抓紧扶株培土、中耕松土和追肥，促其恢复生长，而不要轻易翻种或改种其他作物。特别是不要剪除砸烂的茎叶，否则会造成腐烂枯死，导致更大减产。灾后如缺苗严重，可补种早熟的绿豆、荞麦或小豆等。

消，就是从根本上消灭冰雹。首先改变气候条件，如种植防雹林带就是个好办法。茂密的森林，能减少空气对流，不易生成冰雹。

5. 斗龙卷

什么是龙卷　从春末到秋初的季节里，有时从积雨云底部伸出一个形状像大象鼻子的"漏斗云"，有的悬挂在天空，有的延伸到地面，一边旋转，一边向前移动，这就是人们常说的"龙卷"。

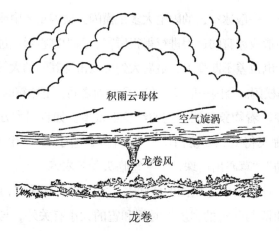

积雨云母体

空气旋涡

龙卷风

龙卷

　　龙卷出现时，往往不止一个。有时从同一片积雨云中，可以出现两个，甚至两个以上的漏斗云。只是有的漏斗云刚刚开始下伸，有的漏斗云下端已经接地或在接地后正在缩回云中去，也有的在云底伸伸缩缩，始终不下到地面。

　　龙卷是大气中一种类似台风的最强烈的旋涡。它发生在水面上，叫"水龙卷"；发生在陆地上，叫"陆龙卷"。但无论是水龙卷还是陆龙卷，它们的范围都比台风小很多。水龙卷的直径通常约为25～100米；陆龙卷稍大，一般也不过100～1000米，只有极少数的可达1000米以上。龙卷的生命期往往只有几分钟到几十分钟，最多不超过几小时。它移动的路线多为直线，移动速度平均每秒15米，最快的可达每秒70米。移经的路程，大多在10千米左右，短的只有几十米，长的可达数百千米。龙卷所破坏的地区宽度，一般在一两千米以内。

　　龙卷的中心气压很低，可以低到400百帕，甚至200百帕，跟周围的气压相差很大，所以形成强风。龙卷区内的风速极大，常常达到每秒50～100米，在极端情况下，甚至达到每秒300米左右，大大超过12级台风（每秒风速只有33米左右）。但是龙卷区中心，风速很小，甚至无风，这和台风眼的情况相似。龙卷除了巨大的风力外，中心极强烈的气压下降时，还可产生类似爆炸的效果。因此，龙卷具有极大的破坏力，能吸起江、湖、海水，拔起大树，卷倒房屋，卷走牲畜和庄稼。1956年9月24日，上海出现的强龙卷，曾把一所三层楼房吹塌，一个重达22万斤的油罐被抬升了四五丈高，然后吹离原处达120米。不过，这只是极端严重的例子，而且只是一些局部地区。

龙卷的形成 龙卷是和积雨云同时出现的。在浓暗的积雨里，上下温度相差很大：在地面附近，气温是摄氏三十多度，积雨云底的温度为十几度，到了4000米的高度为0℃，再往上，到8000米以上的高空，则低到零下三十几摄氏度。这样，上面冷的气流急速下降（下沉气流风速一般达8级以上），下面热的气流很快上升（上升气流风速一般为3~4级），使得上下层空气交替扰动，产生旋转作用，

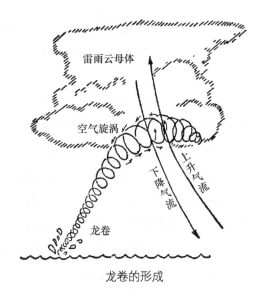

龙卷的形成

形成许多旋涡。这些小旋涡逐渐扩大，上下激荡越发猛烈，终于形成了大旋涡。大旋涡先是绕水平轴转，然后这个有水平轴的旋涡渐渐弯曲，并从云底慢慢垂了下来，这就是龙卷。龙卷内部的空气急剧变化，所以它总是弯弯曲曲，摇摆不定，有时伸长接近地面，有时又缩进云里去了，过去，人们把这种现象叫"龙摆尾"。

龙卷内部的空气旋转速度极快，空气因离心作用被大量抛出，结果内部空气逐渐变得非常稀薄，气压变得非常低，所以它到达的地方能把水和尘沙、树木等吸卷而起，形成高大的柱体，过去迷信的人又误以为这是"吊龙挂"或"龙吸水"。当龙卷把海里的鱼类及带有某种颜色的海水或其他物质吸卷到高空，再随暴雨降到地面，就形成所谓"鱼雨""血雨"等。古代的人们不了解这些科学道理，便认为这是不祥之兆，其实，这不过是一种自然现象罢了。

预测龙卷 据研究，当大气低层（0~2000米）空气温暖潮湿，高层（3000~5000米）有干冷气流侵入时，最容易发生龙卷，而夏季冷空气即将来临的天气，最容易形成这种条件。因此，龙卷多发生在冷锋前面的一些地区。在台风路线附近，低层气流特别温热，也最容易出现龙卷。当台风进入我国大陆时，华东沿海地区就常常出现龙卷。

龙卷的产生因与大气中的强对流活动有关，所以它出现的时期，和大气对流旺盛期相一致，一般发生在3—9月，其中以夏季6—9月发生得最多，

而且常常伴随着冰雹、倾盆大雨及强烈的闪电雷鸣。一天之中，在 13—21 时，特别是 15—18 时，由于空气低层最温热，易成云致雨，所以龙卷发生较多。

龙卷是一种小范围、短时间的天气现象。所以，现在还很难对龙卷做出准确的预测。但是，根据出现龙卷的条件，通过对当时天气条件的分析，可以做到对可能出现龙卷的地区、时间进行短期的粗略的预测。龙卷生成前 1～2 小时，往往先有雷暴引起的气旋活动，称龙卷气旋，直径约 5～50 千米。龙卷就产生在龙卷气旋前进方向的右侧约 2～5 千米处。可能出现龙卷的对流云或龙卷本身，在气象雷达的显示器上，具有一些独特的形态。因此，可以用雷达进行严密的观测，一发现可疑现象，就立即向有关部门报告，以便警戒，及时采取防御措施。

6. 避雷电

积雨云怎样起电 我们在前面已经提到，当积雨云猛烈发展时，云的顶部带有正电，中下部带负电，底部上升气流强烈的区域又带正电。那么，积雨云中的电荷究竟是怎样产生的呢？

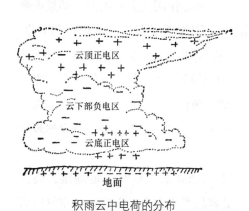

积雨云中电荷的分布

关于积雨云起电的原因，近年来通过探测和实验，一般认为与冰晶的温差起电有关。当冰晶的两头温度有差异时，热的一头自由活动的氢离子（带正电，H^+）和氢氧离子（带负电，OH^-）多，便向冷的一头扩散。由于氢离子比氢氧离子扩散快，不久，冷的一头就出现氢离子过剩的现象。这就使得冷的一头带正电，热的一头带负电。一旦冰晶从中间断裂，正负电性分离，这就是冰晶温差起电。

在积雨云中，当霰粒和冰晶相碰时，由于短时的接触摩擦，霰粒表面局部温度上升比冰晶要高些，霰粒表面便带有负电，冰晶则带有正电。一旦冰晶在摩擦后脱离霰粒表面，正像温差起电中冰晶断裂的效果一样，也会发生正负电性分离。

另一方面，当积雨云中低于 0℃ 的云滴在霰粒表面碰冻时，云滴外部先结成一个冰壳，而内部是液体，温度较高，使冰壳的外表面呈正电性，内表面呈负电性。一旦云滴内部的水也冻结起来，就会膨胀，冰壳破裂成为冰屑。碎冰屑

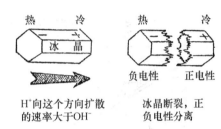

H⁺ 向这个方向扩散的速率大于 OH⁻

冰晶断裂，正负电性分离

温差起电

带着正电气散出去，霰粒上则带负电，从而也产生了正负电性的分离。冰晶和冰屑一般较小较轻，霰粒一般较大较重，在重力作用下，云的上部大多是冰晶和冰屑带正电，中下部则带负电。于是，云内出现了垂直分布的电场。

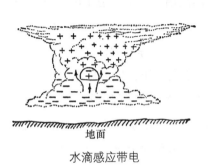

地面

水滴感应带电

积雨云里出现了垂直电场时，如果有一个高于 0℃ 的大水滴下落，受云顶正电和云下部负电的感应，它上半部就带了负电，下半部带有正电。这个大水滴掉落时，在上升气流作用下，不久就变成窝头形，底部中心不断内凹，凹区的顶部愈来愈薄，凹区入口的边缘比较厚实。最后，上升气流冲破水滴顶部，就形成许多小水珠带负电，而凹区入口边缘，形成一些较大的水滴带正电。由于小水珠比较轻，就扩散到云的下部，而带正电的较大水滴，却被上升气流带到云的上部，也产生了垂直电场。

水滴破裂起电

云底一般都带负电。地面受云底电荷的感应而带正电。至于云底上升气流较强的地方为正电荷区的原因，有人认为这是与地面感应正电荷被强烈的上升气流运送到云底有关。

闪电和雷声　积雨云中的起电作用强烈地进行，云中各电荷区之间，云底与地面之间，电位差就会愈来愈大。电位差大到一定程度（每厘米几千伏

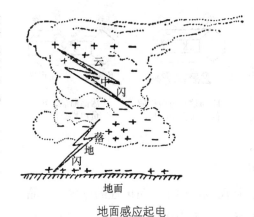

地面

地面感应起电

特）时就会发生击云穿雾的放电现象，这就是闪电。因此，在带电的云体内部、云体之间、云与地面之间，都可以发生闪电。闪电的形态，有线状、球状、带状、联珠状等多种。经常出现的是在云和地面之间发生的线状闪电。

据观测，云地闪电携带的电流高达 1 万安培，个别甚至可超过 10 万安培。这样的电流将使直径只有几厘米的闪电通道迅速增温至几万度。炽热的高温使闪电通道中的空气几乎完全电离，因而发出耀眼的光亮。

闪电通道的电能是在十万分之几秒的极短瞬间内释放的，因而形成爆炸过程。爆炸时，闪电通道产生相当于 30～50 个大气压力向外膨胀，形成冲击波。这种冲击波约以每秒 5 千米的速度向外传播，位于闪电附近的人将听到震耳欲聋的雷霆。约过 0.1～0.3 秒，冲击波逐渐衰减为正常的声波，以每秒 340 米左右的速度继续向四周传播，这就是我们平常所听到的雷声。至于"雷声隆隆"，是因曲折的闪电路径上各点离观测者有远有近，声音传来有先有后，同时，连续放电产生多次的声音，再加上云层、山岳和建筑等的回声，互相干扰，所以听起来就是一连串的轰隆轰隆声。雷声的传播，一般不超过 20～25 千米。因此，远处有雷电发生时，我们往往只见闪电，不闻雷声。

雷声和闪电本是同时发生的，但音速比光速（每秒 30 万千米）小得多，所以总是先看到闪光后听到雷声。把看到闪光和听到雷声的时间间隔乘以平均音速，能估算出闪电发生处离我们有多远。

一般来说，积雨云中出现雷闪就要下雨。但有时，由于云下空气干燥，雨滴在到达地面以前，就已汽化了，所以出现了光打雷不下雨的干雷。有时，由于积雨云的起电作用不强，构不成放电现象，就又会光下雨，不打雷。冬天，大气层结构比较稳定，热对流弱，电位差小，所以很少出现雷鸣闪电。

雷害和避雷 在一般情况下，天空中的雷电是不会有多大危害的（这叫高空雷）。危害最大的，只是从云到地面的"云地闪电"，又叫"落地雷"。落地雷所形成的强大电流、炽热的高温和电磁辐射以及伴随的冲击波等，都具有很大的破坏力。

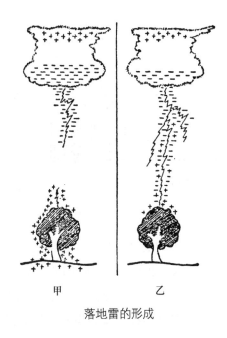

落地雷的形成

落地雷威胁着户外来不及躲避的人畜安全。所谓遭雷击就是强大电流通过了人或动物的全身，皮肤上出现灰白色的肿块和线条，叫作"电的烙印"。不懂得科学道理的人，说这是"天神"留下的罪状，其实雷击和触电一样，无论是谁碰上了，都要受害。此外，闪电通道所经之处，因高温而使物体燃烧，引起火灾，这对易燃仓库的威胁最大。雷击火也是森林起火的重要原因之一。我国大兴安岭林区，春末夏初时节，降水稀少，地面枯草落叶干燥，此时雷电活动频繁，易引起森林火灾。

雷电引起的冲击波，能击碎玻璃物品，甚至使烟囱崩毁、墙垣倒塌。雷电还常破坏高压输电系统，造成停电事故；有时破坏有线通信，甚至会沿着电话线窜入室内，使工作人员遭受危害。雷电也是安全飞行的大敌，飞机如果误入雷雨云中，既发生强烈颠簸，也有可能遭受雷击，造成飞行事故。

雷电所产生的静电场和电磁辐射，干扰无线电通信，严重的甚至使通信暂时中断。自动控制系统，如铁路上使用的自动信号装置、导弹的遥控设备等，都会因雷电辐射电磁波的影响而完全失灵。

为了预防雷击事故，高大的建筑物上都安装了避雷针。避雷针高耸到空间，雷电容易对它放电，它本身起"引雷"作用，把电荷通过导线传到地下，对建筑物起保护作用，防止受到直接雷击。避雷针的保护空间像一把伞，是一个上小下大的圆锥体，地面的保护半径等于避雷针高度的1.6倍（高度大于30米的避雷针，它在地面的保护半径要减小）。

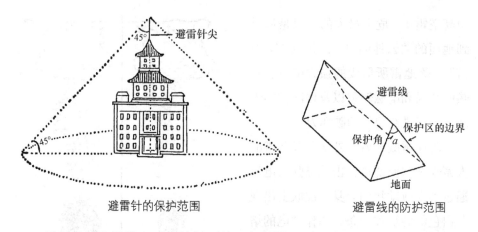

避雷针的保护范围　　　　　　　避雷线的防护范围

露天的输电导线上要悬挂避雷线，保护带电导线不受雷击。避雷线是一条接地良好的钢导线，也叫架空地线。它的保护空间像个帐篷，呈三角柱体，保护角为 50°。当保护角大于 50° 时，遭雷击的可能性将增大。露天的铁道信号、各种遥控装置、设有室外天线的仪器设备等，一般都装有各种类型的避雷器。当雷电产生的大气电压超过安全值时，避雷器就被击穿导通，闪电电流通过它传入地下，从而保护了设备的安全，人们还利用雷电探测（雷电计数器），探测雷电，了解雷电活动的分布，避免飞行事故，保证导弹安全发射，并为及时发现森林雷击火提供可靠依据。

人畜保护方面。雷雨时要注意不要靠近电线、变压器、避雷针等电气设备，不要在水塔、烟囱、大树、高楼附近行走或避雨，不要把牲畜拴到山冈上及大树下，不要穿着湿衣服和打着铁筋的雨伞在空旷的地区行走，不要在河岸边停留、划船。当雷雨猛烈时，应该关上门窗，床、桌、凳子也最好不要接触屋柱、墙壁、门窗等。雷雨季节，还要保持室内通风良好、干燥和清洁。

7. 认识干热风

什么是干热风　春夏之际，在我国一些地区经常出现一种高温、低湿的风，这就是干热风，也叫"热风""火风""干旱风"等。干热风是一种持续时间较短（3 天左右）的特定的天气现象。受干热风吹拂的作物植株，会很快地由上往下青干，造成危害。

各地干热风对作物的危害程度不同，因此确定干热风的标准也不一致。

一般把温度高于或等于25℃、相对湿度低于或等于30%、风速大于或等于
每秒4～5米的综合现象作为干热风的标准。

我国各地干热风比较

项目地区	主要受害作物	干热风标准			
		最高气温（℃）	相对湿度（%）	风力（级）	其他
河西走廊、新疆绿洲平原	春（冬）小麦	≥25	<30	≥4	
内蒙古东南、东北西部平原	春小麦	≥25	<30	≥4	
华北平原、黄土高原	冬小麦	≥25	≤40	≥4	
淮北平原	冬小麦	≥30	≤30	≥3	
长江中下游平原	双季早稻	≥35	<60	≥5	偏南风

我国干热风主要出现在黄（河）淮（河）平原、河西走廊及新疆塔里木盆地，尤以山东的菏泽、德州，江苏的徐州，安徽的宿县、蚌埠，甘肃的民勤、金塔，以及新疆的吐鲁番、鄯善、托克逊一带最为常见。此外，在东北西南部平原、陕西关中地区、新疆的玛纳斯河流域和长江中下游平原也常出现干热风。干热风的风向各地不一致。黄淮平原盛行南风、西南风，新疆多吹偏西风、偏北风，河西走廊风向则偏东或静稳。

每年4—10月为干热风活动季节。在我国东部地区，干热风以5—6月为最多，但长江中下游平原主要出现在7—8月。西部地区，干热风最早可发生在3月，7月达最大值。由于各地地形、距海远近、干湿状况不同，干热风出现的多少有一定差异。一般平原、河谷、盆地多于高原，内陆多于沿海地区。

干热风的成因　各地自然特点不同，干热风成因也不同。黄淮平原，干热风形成的主要原因是以区域大气干旱为基础。春末夏初，在干燥气团控制下，这里天晴、干燥、风多，地面增温快（平均最高气温可达25～30℃），行云致雨的机会少，容易形成干热风。这种干热风对这一带小麦后期的生长发育很不利。

河西走廊干热风的成因，常与一强大的干热气团的移动和停留有关。这个干热气团来自河套地区及蒙古国和我国新疆交界地区。它离开源地后，沿途经过干热的戈壁沙漠，变得又干又热。同时，河西走廊上空常出现下沉空气，更加剧了空气的干热。强烈的干热风，对该地区小麦、棉花、瓜果造成

危害。塔里木盆地位于欧亚大陆中心，气候极端干旱，强烈冷锋越过天山、帕米尔高原后产生的"焚风"，往往引起本地区大范围的干热风发生。

在长江中下游平原，梅雨结束后天气晴干，偏南干热风（俗称"火南风"或"南洋风"）往往伴随"伏旱"同时出现，对双季早稻（或中稻）抽穗扬花不利。

干热风的危害及防御　干热风对作物的危害，主要表现在破坏植株内水分平衡（输导系统给水力与叶面蒸腾强度不相适应）和正常热力状况（根部吸水率降低，体温增高，失去热水平衡），水分和无机盐类输送滞缓，光合作用同化物质的累积运转受到抑制，呼吸消耗加强，因而影响作物正常生长和籽粒形成。

长期以来，我国劳动人民积累了不少防御干热风的经验，创造了一些行之有效的方法。这些方法主要有选育丰产、早熟、抗锈、抗干热风强的作物品种，适时早播、早栽，加强田间管理，避开和防御干热风的危害。在小麦生长发育前期，灌好越冬水、近青水、拔节水，有利于小麦根系发育，植株生长健壮，促使小麦分蘖。小麦进入乳熟期，抢在干热风来临前四五天灌好麦黄水，供给根系水分，同时可以改善农田小气候。此外，在干热风来临前合理施肥，如提前施氮肥，基肥里增加磷肥，有利于小麦灌浆，对防御干热风也有一定效果。从长远观点看，大力营造农田防护林带，减小风速，调节气温，提高空气和土壤湿度，是防御干热风的根本措施。

8. 抗旱涝

旱涝的成因　气象上，通常是用雨量多少来区分旱涝的。某一段时间内，降水量特别少或特别多的地区，就容易发生干旱或水涝。我国大范围旱涝的出现与季风活动有密切关系。从春季到盛夏，冬夏季风冲突形成的雨带，从华南经南岭、江淮地区、黄河流域而移往东北。若雨带长期停滞在某一地区，就形成洪涝；雨带未到或停留时间短的地区，就形成干旱。在季风反常的年份，如果夏季风特别强，雨带向北急速移过江淮流域，梅雨季节极不明显，引起江淮和江南地区干旱，而同时华北地区却因雨水过多出现夏涝，造成北涝南旱的局面。相反，夏季风势力很弱，雨带长期停滞于南方，雨水偏多，而华北、东北地区的雨季则相应推迟，雨水偏少，可能造成南涝北旱的局面。

局部地区的旱涝受地理因素影响很大。山地迎风坡因暖湿空气被抬升，凝云致雨，降水较多，发生干旱的机会少；而背风坡因气流下沉增温，降水较少，发生干旱的机会就较多。有时大暴雨也能造成局部地区积水成灾。

新中国成立前，我国各地的灾荒史不绝书，其中又以水旱灾害最多。据历史文献记载，自纪元初至19世纪，共出现大旱1013次，大水658次，平均每世纪有水旱灾88次。近代历史上，平均10年中有7次旱灾，水灾几乎年年都有。1931年的夏季大涝，在淮河流域，洪水越过淮河北堤，漫过津浦铁路，直泻江苏省；在长江流域，沿岸城市和乡村尽被水淹，连武汉市区街道都可以行船。据统计，那次大水淹没农田5万多亩，淹死人数达14万。

新中国成立后，全国人民大力兴修水利，蓄泄并举，遇涝排水，遇旱灌溉，大大提高了抗御水旱灾害的能力。每当发生旱涝灾害，党和人民政府都极为关怀，积极救灾，使灾情损失减小到最低限度。

旱涝灾害的防御　防止农田洪灾的根本措施是：大力兴修水利，开挖和疏浚河道，建设水库，加固河矿海堤，改造易涝洼地，河流上游及两岸加强植树造林和水土保持工作，平原地区实现河网化。对于降水量年际变化大、有大暴雨出现的地区，汛期必须加强气象水文观测和预报工作，为防洪抗险早做准备。

此外，田间沟渠要经常整修疏浚，做到沟沟相通，排灌自如，雨停田干，沟无积水。采取有效的农业技术，如调整播种期、选用早熟品种等，也能减小水涝的危害。一旦发生水涝，要及时排除田间积水，加强田间管理，如洗去茎叶上的污泥烂物，拉去黄烂叶片，扶直植株，中耕松土等。幼苗受害后，要立即查苗补苗。如果受灾严重或补种季节已过，可改种生长期短、抗灾能力强的作物，以减轻水涝灾害所造成的损失。

防御农田干旱的措施很多。经常采用的措施，有灌溉、压地、保墒、盖草，营造护田林，选择耐旱品种等。修筑水库、池塘、灌溉渠网，做到蓄水、保水、合理用水，扩大灌溉面积，是防御农田旱灾的基本措施。我国从1958年开始的人工降雨试验，已在许多地方推广，这是人工影响天气、战胜干旱的有效措施。